专项职业能力考核培训教材

芳香美容

人力资源社会保障部教材办公室
上海市职业技能鉴定中心
组织编写

主　编：毕亚联

编　者：毕亚联　刘利明　刘儒华
李　炜　黄　贤

主　审：邵水金

中国劳动社会保障出版社

图书在版编目（CIP）数据

芳香美容 / 人力资源社会保障部教材办公室等组织编写. -- 北京：中国劳动社会保障出版社，2021

专项职业能力考核培训教材

ISBN 978-7-5167-4815-2

Ⅰ. ①芳…　Ⅱ. ①人…　Ⅲ. ①美容 – 技术培训 – 教材　Ⅳ. ①TS974.1

中国版本图书馆 CIP 数据核字（2021）第 034225 号

中国劳动社会保障出版社出版发行

（北京市惠新东街 1 号　邮政编码：100029）

*

北京市艺辉印刷有限公司印刷装订　新华书店经销

787 毫米 ×1092 毫米　16 开本　9.5 印张　175 千字

2021 年 3 月第 1 版　2021 年 3 月第 1 次印刷

定价：28.00 元

读者服务部电话：（010）64929211/84209101/64921644

营销中心电话：（010）64962347

出版社网址：http://www.class.com.cn

前 言

职业技能培训是全面提升劳动者就业创业能力、促进充分就业、提高就业质量的根本举措，是适应经济发展新常态、培育经济发展新动能、推进供给侧结构性改革的内在要求，对推动大众创业万众创新、推进制造强国建设、推动经济高质量发展具有重要意义。

为了加强职业技能培训，《国务院关于推行终身职业技能培训制度的意见》（国发〔2018〕11号）、《国务院办公厅关于印发职业技能提升行动方案（2019—2021年）的通知》（国办发〔2019〕24号）提出，要深化职业技能培训体制机制改革，推进职业技能培训与评价有机衔接，建立技能人才多元评价机制，完善技能人才职业资格评价、职业技能等级认定、专项职业能力考核等多元化评价方式。

专项职业能力是可就业的最小技能单元，劳动者经过培训掌握了专项职业能力后，意味着可以胜任相应岗位的工作。专项职业能力考核是对劳动者是否掌握专项职业能力所做出的客观评价，通过考核的人员可获得专项职业能力证书。

为配合专项职业能力考核工作，人力资源社会保障部教材办公室、上海市职业技能鉴定中心联合组织有关方面的专家编写了这套专项职业能力考核培训教材。该套教材严格按照专项职业能力考核规范编写，教材内容充分反映了专项职业能力考核细目中的核心知识点与技能点，较好地体现了适用性、先进性与前瞻性。教材编写过程中，我们还专门聘请了相关行业和考核培训方面的专家参与教材的编审工作，保证了教材内容的科学性及与考核细目、题库的紧密衔接。

专项职业能力考核培训教材突出了适应职业技能培训的特色，不但有助于读者通过考核，而且有助于读者真正掌握专项职业能力的知识与技能。

本教材在编写过程中得到上海毕氏香堂、上海宏林化妆品有限公司、香辞文化传播（上海）有限公司等单位的大力支持与协助，在此一并表示衷心感谢。

教材编写是一项探索性工作，由于时间紧迫，不足之处在所难免，欢迎各使用单位及个人对教材提出宝贵意见和建议，以便教材修订时补充更正。

人力资源社会保障部教材办公室

上海市职业技能鉴定中心

目 录

培训任务 1

芳香美容从业人员的职业素养

学习单元 1

职业基本要求

一、芳香美容从业人员的职业要求

合格的芳香美容从业人员应具备集技术性、服务性、艺术性等于一体的职业素质及道德素养。

1. 芳香美容从业人员应熟悉相关的法律法规，遵守芳香美容的准则，遵守职业道德，不断加强道德修养。

2. 芳香美容从业人员应具有芳香美容专项职业能力，要学习中医学、解剖学、生理学、心理学的基本知识，要接受专业按摩技术及芳香课程的培训，要熟悉相关的经营管理知识、美学知识、化妆品（精油）鉴定方法等。

3. 芳香美容从业人员应具有较强的应变能力和社会阅历，并愿意在美容行业中继续深造、不断钻研。

4. 芳香美容从业人员应具有良好的服务意识和积极的工作态度，对顾客应有耐心和爱心。

5. 芳香美容从业人员应保持个人良好形象。

二、芳香美容从业人员的基本素质

1. 职业道德

（1）遵守国家法律法规和行业企业规章制度。

（2）乐于学习，心智健全，不断提高自身素质。

（3）言而有信，尽心尽责。

（4）具有同情心，乐于助人。

（5）礼貌待客，服务周到。

（6）仪表端庄，谈吐文雅。

2. 职业守则

（1）具有良好的职业道德和敬业精神。

（2）掌握正确的专业知识和技能。

（3）保持良好的工作状态。

（4）及时帮助顾客排忧解难。

（5）严格执行规范的操作程序。

（6）不贩卖伪劣的芳香产品。

3. 保健规则

（1）养成清洁习惯，注重仪容，细心保养。

（2）讲究口腔卫生，常漱口，定期做牙齿及身体检查。

（3）具有良好的服务姿态，微笑、热情服务。

（4）放松心情，适度运动，充满活力。

（5）适度睡眠，适量饮食，保持精力充沛和身心愉快。

（6）每天沐浴，保持身体清爽。

（7）保持头发清洁及有光泽，眉毛应修饰整齐，妆容应美丽大方，切记不要浓妆艳抹。

（8）穿合体的棉麻面料工作服并保持整洁，选择软底、舒适、合脚的鞋子。

（9）保持手部清洁，指甲必须细心修剪，不可涂抹指甲油。

三、芳香美容从业人员的形象要求

芳香美容从业人员必须保持正确优美的姿势、高雅端庄的仪态。正确的站姿、坐姿及走姿可以提升芳香美容从业人员的职业形象，同时可以缓解疲劳、腰酸背痛，并可以增强自信心。正确的姿势能够改善仪态，并在工作中向顾客展现优雅的举止及完美的形象；不正确的姿势会给人不雅观、不文明的印象。

正确优美的姿势可以通过强化训练而形成。

1. 站姿

正确的站姿应该是表情自然、双目平视、双唇微闭、颈部挺直、下颌微收、挺胸、收腹、臀部肌肉上提、双臂自然下垂、双肩放松稍向后，女士双腿并拢、双脚呈“V”字形或“丁”字形站立，男士双脚平行并分开与肩同宽站立。

2. 坐姿

正确的坐姿是上身保持站立时的姿势，双膝自然并拢，双腿不分开或稍分开，两脚不可交叉。

3. 走姿

走路时身体挺直，不可左右摇动，忌左右摆动手臂、后摆时甩手，提臀，用大腿带动小腿迈步，双脚基本走在一条直线上，步伐平稳，忌上下颠动、左右摇摆及甩脚，也不要故意扭臀部，步伐应与呼吸配合且有节奏感。

学习单元 2

职业礼仪要求

一、语言接待技巧

芳香美容不仅可以帮助人们保持身心健康，还可以激发人们对生活的热情。一位法国哲学家说过：“教导人们生活，而非逃避死亡。生命不是呼吸而是行动，运用我们的感觉、心智、器官、全身的每一部分，以充分意识到我们的存在。”这段话告诫我们要珍视生命、享受生命。

芳香美容从业人员在与顾客进行交流的过程中要讲究语言接待技巧，同时注意用心倾听，以了解顾客传递的信息和感受顾客的情绪。如果不用心倾听，就无法了解和满足顾客的需求。

1. 电话咨询

电话咨询往往是顾客与美容院的第一次接触，顾客通过电话咨询会对接听者的办事效率、沟通技巧、服务态度及专业知识形成第一印象，并决定是否体验相关服务。芳香美容从业人员在接受顾客的电话咨询时，要注意以下几点。

（1）接听电话时首先要端正态度，接听电话的态度往往会影响沟通的效率和效果。

（2）随时准备接听电话。

（3）使用礼貌称呼，要用比较正式的称呼，如先生、女士、小姐。讲礼貌能提高芳香美容从业人员的可信度。

（4）感谢对方来电。“谢谢”是建立良好人际关系的最有力措辞，因而要不失时机地表达感激之情。芳香美容从业人员应该把它作为问候语，如谈话结束时使用“谢谢您打来电话”可强有力地提高顾客的满意度。

（5）让谈话得体而有效。不要说任何让对方觉得接听者不专业或不热情的话。

（6）说话清晰明确。话筒与嘴唇的距离适当，给人以自信且真诚的感觉。

（7）说话自然而有亲和力。与顾客沟通时，语气要友好，对于顾客提出的问题要及时回答。

（8）不要“冷场”，始终让顾客知道接听者在倾听。

（9）准确地记录顾客需求，完整地填写留言条，以避免可能出现的沟通问题。

（10）在挂断电话前要确定谈话已经结束，让谈话有一个愉快而有效的结尾。

2. 当面咨询

在为顾客提供服务之前，一般要从健康咨询开始，以便对顾客的身体状况和保健需求进行充分的了解，并有针对性地调配精油，从而达到理想的保健目的。这样做可以让顾客在感官和意识上得到放松。芳香美容从业人员在与顾客进行面对面交流时，要注意以下几点。

（1）拥有丰富的专业知识。护理之前要进行详细的健康咨询，芳香美容从业人员要在这一过程中体现出专业性。健康咨询有助于准确地选择精油及护理项目，以获得迅速而良好的护理效果，同时取得顾客的信任。

（2）情绪稳定。芳香美容从业人员应尽量控制自己的情绪，保持心境平和。只有这样才能更好地为顾客服务。

（3）注意自己的谈话态度。

（4）善于用表情和动作传递情感

1）头部向下表示谦逊、内疚或沉思。

2）头部向前表示倾听、期望、同情或关心。

3）头部向后表示惊奇、恐惧、退让或迟疑。

4）点头表示同意、理解和赞许。

5）皱眉表示不同意、烦恼，甚至愤怒。

6）扬眉表示兴奋、庄重等。

7）双手置于腿上、掌心向上、手指交叉表示希望别人理解并给予支持。

8）用手拍前额以示抱歉，如果用力拍前额则是自我谴责、后悔不已的意思。

9）眼睛正视前方表示庄重。

10）仰视表示思索。

11）俯视表示羞涩。

二、行为接待技巧

1. 迎顾客

（1）从容相迎。营造一个舒适的环境，使顾客处于无压力的环境中，顾客自然会放松心情，听取芳香美容从业人员的建议。

（2）良好的姿态。良好的姿态会赢得顾客最大程度的信任。

（3）亲切礼貌。随时微笑迎人，以展现友善和责任心。

2. 待顾客

（1）说话幽默，善用赞美语言。

（2）营造愉快的咨询气氛。

（3）诚恳待客，用热情的眼神传递信息。

（4）语言和气、简练。

（5）善于利用肢体语言。

（6）仔细聆听，快速了解问题并妥善解决。

3. 送顾客

（1）为了使芳香美容效果明显，令顾客满意，在送顾客的同时应建议顾客持续护理。同时应建议顾客除了到美容院护理外，再买一些适合的专业芳香护肤品及精油，以便居家使用。

（2）坚持真实诚信原则。真实诚信是芳香美容服务中最重要、最关键的原则。

（3）当顾客离开时，如果看到顾客面带微笑，则说明其认可芳香美容从业人员的服务。

（4）最后向顾客致谢。

测试题

一、单选题（选择一个正确的答案，将相应的字母填入题内的括号中。）

1. 合格的芳香美容从业人员应具备集技术性、（　　）、艺术性等于一体的职业素质及道德素养。

A. 特殊性　　B. 专业性　　C. 服务性　　D. 职业性

2. 芳香美容从业人员应熟知相关的经营管理知识、美学知识、(　　) 等。

A. 美容师操作流程　　　　B. 财务知识

C. 化妆品鉴定方法　　　　D. 文秘知识

3. 顾客打电话咨询时，会对接听者的服务态度、沟通技巧、办事效率及(　　) 形成第一印象，并决定是否体验相关服务。

A. 说话声音　　　　B. 谈话风格

C. 专业知识　　　　D. 谈话内容

4. 在对顾客做精油护理前，首先要(　　)。

A. 进行卸妆　　　　B. 进行洁面

C. 进行健康咨询　　　　D. 进行按摩

二、判断题（将判断结果填入括号中，正确的打“√”，错误的打“×”。）

1. 一名合格的芳香美容从业人员必须有爱心和耐心。　(　　)

2. 芳香美容从业人员要乐于学习、心智健全，不断提高自身素质。　(　　)

3. 芳香美容从业人员要礼貌待客，服务周到，仪表端庄，谈吐文雅。　(　　)

4. 芳香美容从业人员要掌握正确的专业知识，可以出售经稀释、价格较低的精油产品。　(　　)

测试题参考答案

一、单选题

1. C　　2. C　　3. C　　4. C

二、判断题

1. √　　2. √　　3. √　　4. ×

培训任务 2

芳香美容概述

学习单元 1

芳香美容基础知识

一、芳香美容的概念

从古至今，人类的生活从来没有离开过植物。无论什么时代、什么地方的人，都喜欢嗅闻或食用气味芬芳甜美的植物，有时还会用一些颜色艳丽的花朵装扮自己及他人。后来，人们掌握了从自然界植物萃取植物精油的方法。

在注重环保、崇尚自然的今天，借鉴我国传统的自然养生护颜理念，从改善和调理皮肤的角度出发，以改善身心健康状态为前提，运用植物精油进行美容美体，使面容娇艳、身体健康的方法称为芳香美容。简单来说，芳香美容是一种从内调节身体和情绪，由内养外使皮肤达到良好状态的美容科学。

二、芳香美容的起源

芳香美容起源于芳香疗法。

芳香疗法（aromatherapy①）是一种以预防、保健及调理为主的自然整体疗法。一般先从植物的花朵、叶、果实、茎、种子、根、树脂等中提炼出天然精油，再经专业人士针对人的不适症状进行特殊调配制成复方精油，将其应用于治疗或护理中，在人

---

① aromatherapy 是 20 世纪才出现的单词，由表达香味、芳香意思的单词“aroma”和表达疗法、治疗意思的单词“therapy”结合而成。它的基本意思是使用从植物各个部位提取出的精油促进身心健康及美容。

体不排斥的状态下使其吸收，最终改善人的身体和精神状态，使人的不适症状得以缓解，从而达到治疗或护理的目的。芳香疗法是一门使用植物治疗和预防疾病的科学及艺术。

芳香疗法的最大特征就是在改善身体、皮肤状况的同时，着重于“心理”的调整、改善。

芳香疗法属于自然疗法领域，是人类在生活中逐渐深入了解自然界而形成的，它的基本原理与药草植物医学、顺势疗法、针灸治疗等有共通之处，但因其是辅助性方法，所以不能取代正统医疗方法。芳香疗法的前身是药草学。药草学可以说是人类历史上最古老的防病治病及调养身体的基本方法。在蒸馏精油技术尚未出现前，人们一直将能萃取精油的芳香植物作为药材，以预防和改善患者病情。芳香疗法吸收了东方医学“身心一致”的思想，融合了印度医学、中国医学（包括中国藏医学）的理论。

三、精油进入人体的途径和排出途径

精油进入人体的途径和排出途径如图 2–1 所示。

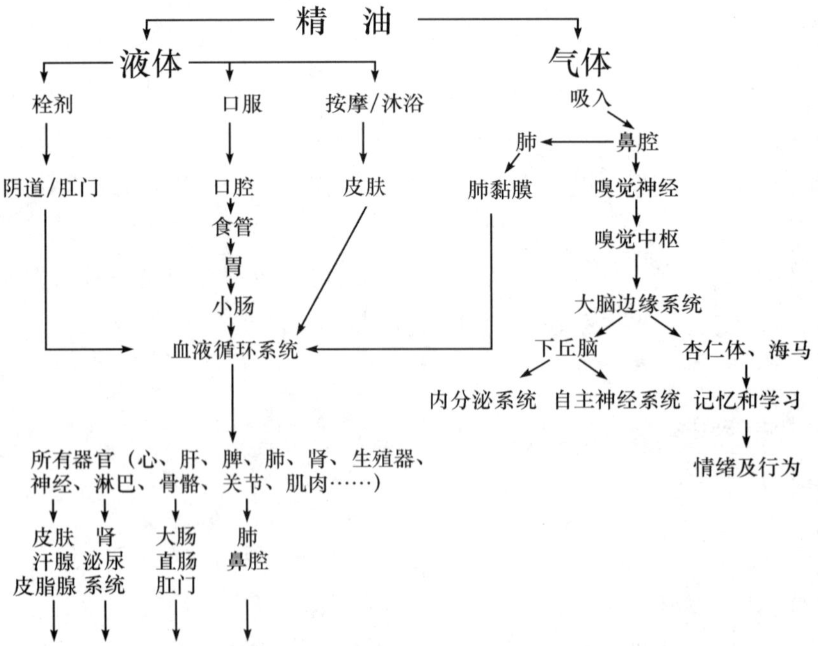

图 2–1　精油进入人体的途径和排出途径

1. 精油进入人体的途径

（1）吸入。当人呼吸时，精油的芳香物质会进入鼻腔，一部分附着在嗅觉神经末梢细胞上，另一部分进入肺。附着在嗅觉神经末梢细胞上的芳香物质的特有化学物质会转变成神经传导信息，被送到大脑皮层的嗅觉中枢，经大脑边缘系统被下丘脑、杏仁体、海马接收，以神经调节方式来调整人体生理、心理状况，达到舒缓、提神、兴奋或刺激等效果，改善人的情绪和行为，这种精油进入人体的方式又称嗅觉传达，如图 2-2 所示。进入肺的芳香物质经肺黏膜进入人的血液循环系统，进而作用于全身。

图 2-2　嗅觉传达

（2）渗入。因为植物精油纯度极高，分子极小，所以渗透力很强。皮肤对精油有着极佳的渗透性。精油在渗入皮肤组织后，精油分子会穿透表皮层与体液融合，进入真皮层的毛细血管，进而进入血液循环系统，这些微小的分子最终会到达目标器官。

（3）口服。在烹饪过程中可以适量使用某些精油来提高菜品的味道、增进人的食欲。在医疗领域中，英系芳香疗法为了保障使用者的安全性，禁止芳香治疗师让顾客口服精油。而在法国、德国等国家的芳香疗法临床应用中，有专业的医师资格证的芳香治疗师在用量、用法严格控制的情况下，常为病人提供口服精油。

（4）塞入。某些精油可以与适宜的基质混合制成栓剂，经阴道、肛门等腔道进入人体，起润滑、抗菌、收敛、止痛、止痒等作用。

2. 精油的排出途径

精油的排出途径有四个。

（1）皮肤排出。精油分子通过皮肤表面的汗腺和皮脂腺排出体外。

（2）肺排出。人呼出的二氧化碳能够把精油分子从肺部和鼻腔带出体外。

（3）肾排出。肾脏中的精油分子可以通过泌尿系统排出。

（4）肠道排出。精油分子可以在大肠和直肠中脱水后通过肛门随粪便排出。

四、精油的作用

精油有助于排出体内的毒素和废物，还能够抑制感染、毒素扩散，可减缓体内病菌的繁殖速度。

操作技能

初步体验精油

初步体验精油由嗅闻开始。

操作准备

准备萃取于植物各个部位的精油。

（1）萃取于花朵的精油：玫瑰精油、茉莉精油、洋甘菊精油。

（2）萃取于花叶的精油：快乐鼠尾草精油、墨角兰精油、迷迭香精油。

（3）萃取于叶的精油：罗勒精油、欧薄荷精油、广藿香精油。

（4）萃取于果实的精油：柠檬精油、葡萄柚精油、佛手柑精油、来檬精油、甜橙精油。

（5）萃取于根的精油：生姜精油、岩兰草精油。

（6）萃取于种子的精油：茴香精油、黑胡椒精油、豆蔻精油。

（7）萃取于茎的精油：檀香木精油、雪松木精油、花梨木精油。

（8）萃取于树脂的精油：乳香精油、没药精油、安息香精油。

操作步骤

步骤 1　取同一部位萃取的精油，分别嗅闻，感受其味道及区别，认识精油，记住味道。

步骤 2　取不同部位萃取的精油，分别嗅闻，深层次地感受精油对身心的影响。

注意事项

1. 必须选择 100% 的植物精油，确保纯度。

2. 打开精油嗅闻时，需要将其放在鼻子下方 1 尺（约 33 cm）处，从左向右在鼻子下方来回三次为宜，不可过度吸入，嗅闻完毕必须马上盖紧精油瓶盖，以免灰尘进入瓶内，同时避免精油挥发。

3. 不可以将精油直接滴在皮肤上，以免损伤皮肤或导致过敏。

学习单元 2

芳香疗法的发展简史

一、芳香疗法的起源

在人类历史发展的初期，人类的祖先就会运用嗅觉及视觉来判断周围植物是不是他们正在寻找或可以食用的，经过漫长的实践，他们逐步了解哪些植物吃了会中毒、会导致腹泻或呕吐，而哪些植物吃了可以帮助消化、可以充饥治病。经过长期进化，人类开始重视植物的治疗功效。

1. 古埃及与芳香疗法

最先广泛使用植物精油的是古埃及人，运用芳香疗法是他们当时的一种生活方式。当时人们用焚烧芳香植物的方法来驱赶魔鬼，敬拜大地或太阳，庆祝敌人的死亡和失败以及婴儿的诞生。当时的人们会自然地认为芳香植物如乳香和没药具有某种法力，可作为祭品向神献祭。

在埃及的狮身人面像底座上，一块花岗岩石板记载着法老制作香膏献给狮身神的事迹。在第十八王朝后的一千多年里，古埃及人在利用芳香植物以及调制香膏、香水等方面不断进取。1897 年，考古学家在墓穴中发现了盛满香膏的石膏瓶，打开后还依然散发香气。在古埃及相关文献中，记载着大量使用药草的知识和香膏美容配方。令人惊奇的是，这些配方与现代天然美容配方有很多相同之处。

古埃及人很早就掌握萃取花精的技术，他们从百合花中萃取花精，与其他植物花精相混合，静置至凝固后直接涂抹在面部或全身，便会使身体发出淡淡的清香。待第二天沐浴后，不但皮肤柔软润滑，而且香味仍不散去。

古埃及统治者相信，只要尸体能够保存完整，人死后可再生，轮回成人。于是古埃及人利用一些有防腐作用的精油保存尸体，如在制作“木乃伊”的过程中使用雪松木（香柏木）精油等就被详细记录在古籍中。雪松木精油及其他植物精油在“木乃伊”制作过程中的使用可证明它们具有防腐作用。古埃及“木乃伊”的保存与植物精油的使用是分不开的。

充满传奇色彩的人物“埃及艳后”（克利奥帕特拉七世）对植物精油情有独钟。传说她并不是一个绝色美女，但她会巧妙地运用香味装扮自己。她经常用植物精油浸浴。据记载，她曾耗费巨资制作香品，只是为了手部皮肤能柔软芳香。

2. 古希腊与芳香疗法

在古希腊盛世时，医学成为一门严肃的科学，而芳香疗法在当时是最为提倡的治疗方法之一。

古希腊人从古埃及人那里学会了很多精油的调制、使用方法，以及与芳香疗法相关的药物知识，并以古埃及人的成就为基础继续深入研究，对芳香疗法有了更多的新发现。古希腊人相信，所有芳香植物都属于神，人类所提炼的植物精油也都归功于神。

古希腊人还注意到某些植物的香气会振奋人的精神，而某些植物的香气会让人放松而使人感到非常愉快。他们将从这些植物中所萃取的精油与橄榄油混合制作成药物和化妆品。

对于古希腊人所追求的健康理念而言，在身体不同部位涂抹不同功效的精油将产生不同的效果。古希腊人有时会将精油涂于脚部，他们认为将精油涂于头部会很快散去，而涂于脚部则会传至全身；有时会将精油涂于胸前，他们认为心脏在此处，无论身体还是情绪都会受益。大多数古希腊士兵都随身携带没药药膏，以方便在战场上及时治疗、修复伤口。

古希腊人能将医学观念由半迷信提升为科学要归功于公认的“医学之父”——希波克拉底。他的信念是“健康之道建立在每日精油沐浴和精油按摩的基础上”，并指出精油沐浴和精油按摩能使人保持生理及精神健康。于是，每日一次的精油沐浴和精油按摩成为他的养生之道，也是现今芳香疗法的中心原则。素有“植物学之父”之称的泰奥弗拉斯托斯在他的著作《植物史》中将植物分为冷、热两大类，他的理论是用植物来调节身体。

3. 古罗马与芳香疗法

一般认为，古罗马人使用香料、香膏比古希腊人更奢侈。古罗马人将很多名贵香料混合，涂在身体、衣服、床单甚至墙壁上。古罗马人喜欢在按摩身体时使用大量含有植物精油的香膏，且无论在家中还是在公共澡堂中沐浴都经常使用香膏。

聪明的古罗马人从古希腊聘请了许多有名的医药师，让他们担任军医和御医，他们都写下了植物药学治疗方面不朽的著作。而在古罗马帝国灭亡之后，部分幸存的医药师将这些经典著作翻译成阿拉伯文，并将自身掌握的医学临床知识及技能全部记录成文。在不断的文化交流过程中，古希腊人、古罗马人积累的植物医学知识便广泛地传播到阿拉伯国家。

在阿拉伯医学古籍中详细地记载了当时药草收集、制作及治疗的整个过程。奇怪的是，相关古籍并没有提到古希腊人和古罗马人会蒸馏精油。如果古埃及人掌握了蒸馏精油的技术，那么很多方面都可以证明他们一定没有传给他人。直到古罗马人征服埃及王朝一千多年后，蒸馏技术才再度被人们发现。据考古学家证实，阿拉伯医师阿比西纳最大的贡献就是“发明”了蒸馏精油技术，准确地说是改进了蒸馏精油技术。

在罗马帝国的鼎盛时期，据说有一条街专门贩卖植物精油，这一时期所生产的植物精油非常昂贵。另外，当时生产植物精油的工作是相当高贵的，仅为极少数人所独占，而且对从事此项工作的人员的管理也非常严格。

4. 古印度与芳香疗法

古印度人对植物的应用反映出其独特的宗教观念和哲学观念。印度古老的宗教典籍肯定了药草治疗的效果，当时药物都是由植物制成的，这充分反映了一种素食文化。古印度人对药草的种植与采集有严格的规定：药草的种植地点要远离人群，也要远离寺庙等神圣的地方，不能靠近坟墓，且药草要种植在肥沃、排水良好的土地上；只有纯洁、善良的男人才能采集药草，且采集前不能进食。

古印度的药草书中大量记载了药草的使用方法，其中有著名的檀香木的使用方法。当时，檀香木除了可以用于焚香外，还可以应用在宗教和美容方面。例如，在古印度的宗教仪式上，檀香木精油可以涂抹在国王和高级祭司的头顶；又如，古印度一个美容配方里就有从檀香木、芦荟、玫瑰、茉莉等植物中萃取的精油。时至今日，现代芳香疗法仍保留着一些古印度人所使用的配方。

5. 传统中医药学与芳香疗法

中国人很早以前就开始使用香料。传说神农尝百草，利用草药治百病，而不少草药本身就是香料，这体现了香料在医学上的应用价值。中国是较早使用草药进行治疗的国家。

中国人把大自然中的一切总体上分为阴和阳，并将大自然的现象按规律分为五行，即金、木、水、火、土。从中国人的中药治疗理论来讲，干及热的特质属于阳、五行属火，冷及湿的特质属于阴、五行属水，如此运用阴阳五行学说对病人进行整体辨证治疗以恢复平衡状态。

《黄帝内经》是中国最早的一部医学经典著作，成书于西汉甚至更早。《神农本草经》是中国最早的中药学专著，成书于东汉。药学经典著作《本草纲目》中记载了上千种药材（大多是植物）以及上万种药方，显示了中国人当时利用草药的先进程度。部分医书中记载的草药功效已获得现代科学的肯定。

中国人发现饮茶可以缓解感冒和腹泻的症状；在中国民间，有家中悬挂芳香植物或点燃香料来驱邪避瘟、提神醒脑的习惯；许多朝代的皇室后妃们喜欢用天然花草沐浴，据说长期使用能够使皮肤更加细嫩光滑，永葆魅力和青春。

二、芳香疗法的发展

用植物治疗疾病的历史由来已久，在长期的经验积累中，人们逐渐发现了植物的药效并发展了芳香疗法。

1. 世界各地芳香疗法的发展

在非洲，人们喜欢在身体上涂抹香膏，以减轻因阳光暴晒而产生的皮肤干裂情况。他们还会涂抹用香木熏过的椰子油和棕榈油。其他热带地区的人们在洗完头发后也常会涂抹一种用椰子油和檀香木精油混合而成的香膏。

在十字军东征期间，士兵从阿拉伯人那里学会了用蒸馏法提炼精油。“阿拉伯香精”其实就是精油，其盛名由此传到了整个欧洲，其中玫瑰精油最受欢迎。起初欧洲精油参照东方气味进行配制，直到 13 世纪末，欧洲人才发现自己的需求，随即大量种植薰衣草、迷迭香等，并采用蒸馏法来处理芳香植物，其中薰衣草精油非常受欢迎。

14 世纪中叶，由于瘟疫的蔓延，在卫生环境恶劣的情况下，人们只能燃烧芳香植物，使芳香物质挥发出来，降低空气中的细菌含量，以此来防御“黑死病”及改善感染症状（当时的黑死病夺走了三分之一欧洲人的性命），这也属于芳香疗法。这种方法是天然的消毒、杀菌方法，由于战争，此方法传遍整个欧洲。

哥伦布于 1492 年登上巴哈马群岛，之后许多美洲植物传入了欧洲，如南美印加人所嚼的可可叶、北美印第安人常用的治疗性植物、加拿大香脂冷杉、秘鲁香等。

据考证，第一瓶香水问世于 15 世纪，在当时有“美妙水”之称。后来意大利人法利那又研制出“法利那古龙水”，这种古龙水被证明具有良好的消毒作用。

16世纪中叶，法国王后凯瑟琳学习意大利人，在法国引领了戴芳香手套的风尚。由于法国阿尔卑斯山盛产薰衣草等各种药草，当时很多商人放弃原来的生意，专门生产薰衣草精油。后来人们发现，喜爱戴芳香手套的人的免疫力比其他人高，于是人们开始给孩子戴薰衣草香包，把薰衣草粉撒在衣服上（一方面让衣服散发清香，另一方面防虫蛀）。欧洲皇室钟情于薰衣草精油，也是它最大的主顾，有关伊丽莎白一世的史书中记载了“女王陛下洗澡必用薰衣草精油”。

瘟疫是中世纪非常严重的灾祸，之后17世纪有一位医学家发明了一个配方，她主张燃烧雪松木、胡椒、乳香、安息香以及其他芳香植物的根部和茎部，使它们释放香气，人们通过吸入香气来预防瘟疫。17世纪是英国药草学的黄金时代，人们对药草学的认识更进了一步，甚至超过了对化学的认识。

17世纪末至18世纪，精油才被广泛运用在医学上。有一个精油配方被称为“中风香精”，其成分包括玫瑰、薰衣草、肉桂、丁香、柠檬等精油。1722年，一位药草植物学家在其所写的书中提到了很多精油和浸泡油，有些精油包括洋甘菊、肉桂、茴香、杜松、迷迭香等后来被大家所认可，还有4种浸泡油包括玫瑰、洋甘菊、没药、肉豆蔻也被大家所认可。

2. 芳香疗法与医学

19世纪开始，化学药物帮助人类治疗疾病的功效已逐渐被肯定，人们对很多化学药物都抱有很大希望，但像感冒等疾病仍会经常发生在人们的身上。芳香疗法所使用的精油虽然不能取代一般药物，但它对身体上的多种不适症状有预防和缓解作用。草药和精油不能混为一谈，虽然它们有共同的起源。通常草药的使用剂量偏大，且药效较弱；而精油是高度浓缩的，所以使用剂量很小。每种天然精油的化学结构都十分复杂，所以具有多种功能。有些植物精油具有刺激白细胞产生的功能，而白细胞的作用是保护身体、防御病菌。当时，精油对人体而言是最佳、最无害的天然抗生素，对人体具有独特的药理作用，普遍应用于治疗。当时，很多精油方面的研究比之前更加科学。当然，传统草药处方的疗效也被进一步验证。

抗生素被发现以后，草药和精油逐渐被化学药物所代替，但精油的疗效却越来越经得起科学检验。人们发现许多精油的抗菌作用比一些化学抗菌剂更强大，因此将精油用作化妆品的抗菌剂。1928年，法国化学家加德佛赛在一次实验中因意外爆炸烧伤了手，匆忙中他把手插入盛满薰衣草精油的容器中，事后他发现薰衣草精油使皮肤痊愈的功效比想象中好，而且皮肤没有留下疤痕。其实，早在200多年前，薰衣草就被瑞士人用作治疗毒蛇咬伤的抗菌药了。

加德佛赛传人之一——化学家莫利把加德佛赛的研究带进了一个实用领域，她发明了很多用于不同症状的精油配方，她是第一位使用精油的非医学专业人士。莫利曾讲过："我们不主张口服，口服是不正确的，因为纯剂和精油对人体黏膜有极为明显的刺激作用，这也正是精油的一大缺点。精油借助于皮肤渗透性所产生的扩散效果较为温和、容易控制，但在使用时剂量也必须精准。"历经数年，莫利将很多时间花在教学上，她在去世之前已培养出许多熟悉她所发展的特殊技巧的芳香治疗师。后来，这些芳香治疗师逐渐受到世人重视，莫利发展的一套以按摩为基础的芳香美容疗程也深受世人喜爱。莫利认为，芳香疗法的宗旨是大自然中存在的能量以最纯正、最原始的方法转移到人类身体上、精神上。

19 世纪 20 年代至 30 年代，在意大利陆续出现一些研究芳香疗法的学者，他们研究精油在护肤和药物上的运用以及对心理的影响，就此认识到精油的潜力。在米兰，也有研究利用精油治疗抑郁症的医生。

芳香疗法与西方医学的区别在于它的治疗哲学是注重内在精神、讲究预防科学，它着重强调全面治疗而不只是重视症状，即从整体上缓解失调问题，因为人体是一个功能调和的整体性系统。

在人们崇尚自然、追求返璞归真的今天，芳香疗法越来越受到人们的重视。近几年来，纯天然植物及精油治疗技术重新受到关注，人们以更科学的方法去研究它，令这种古老的天然疗法实现现代化。

当今城市人口密集、自然环境遭到破坏、空气水质被污染，这给人类带来了无形的精神压力和身体危害，由此产生了一大批亚健康状态人群，此现象已受到医学界的重视。随着生活水平的提高，人们开始转变生活观念，不但追求身体及精神健康，也更加讲究生活品质。因此，芳香疗法有了用武之地，主要表现在美容、烹饪、营造良好环境及生活情趣等方面的应用，同时为经济发展创造了商机。

目前，利用纯植物精油来为人体进行保养、保健的方法越来越流行。现代百货商场、化妆品专卖店、美容中心等都提供各式各样的精油产品、高档香水及古龙水。部分国家对植物精油的应用与发展见表 2–1。

表 2–1　部分国家对植物精油的应用与发展

国家	应用与发展
法国	在法国，使用植物精油的芳香疗法已成为现代医学疗法的分支领域，药剂师会根据医生的诊断调配出相应的精油处方，对患者的疾病进行治疗
英国	英国人主要将调好的植物精油应用于按摩疗法上

续表

国家	应用与发展
德国	德国人将草药治疗与饮食调理相结合，由专业的自然疗法师及营养师进行临床针对性治疗
美国	美国有许多芳香美容店和精油日用产品专卖店，同时高档百货商场设有精油产品专柜，精油品种十分丰富。美国人看重芳香美容的心理疗效，借植物精油消除紧张的工作所带来的心理负担和精神压力
日本	日本人把植物精油对脑神经刺激的功能应用在日常工作中： （1）铁路火车司机会戴上有薄荷味的手套，以防止打瞌睡 （2）在一些单位的大型会议室内，常用植物精油的香味来增强会议效果

3. 芳香疗法与饮食

来自大自然的精油在饮食方面也被人们广泛使用。

在烹饪方面，精油也是调味品之一。每道菜只要加上精油，味道就会变得更加鲜美。例如：在烹饪牛排的过程中，以往人们会将柠檬水或柠檬汁洒在牛排上，而滴柠檬精油可使牛排风味更佳；在烧制红烧肉时，若在卤汁或油里加上草药类精油，其味道更胜一筹；在制作沙拉酱、调味酱、点心时使用精油可使其味道更具特色。风味纯正、清爽是精油调味的一个特点。

精油能够帮助消化，提供营养物质。精油含有维生素、无机盐等，食用后不但能够抵抗病菌，而且具有调理功效，起到预防、保健的作用。食品加工厂也广泛使用精油，利用精油制作不同口味的食品，如薄荷味口香糖、柠檬味巧克力、柚子味奶油蛋糕等。

在食用精油时千万不能过量，因为精油是浓缩的液体物质。用于饮食方面的精油可分为四大类——药草类、香料类、水果类和花卉类。这些精油可以在汤、开胃菜、卤汁、肉、蔬菜、沙拉酱、米饭、面包、蛋糕、点心以及糖果中有针对性地加入。

从香料植物中提取的精油含有多种低分子抗菌物质和抗氧化物质，是天然保鲜剂，可以最大程度保持果蔬的水分和营养素，能更有效地抑菌防腐。低分子抗菌物质肉桂酸、阿魏酸、咖啡酸、肉桂醛、香茅醇、百里酚、丁香酚等可有效抑制细菌生长，避免使用或减少使用人工合成防腐剂，使食物更具有安全性。

4. 芳香疗法与化妆品

世界上最昂贵的化妆品都是以精油和其他天然成分作为添加剂的，精油的主要作用是作为活性元素和防腐剂。

在维持生态平衡、回归自然、讲究环保的今天，植物精油是能够很好地解决人们皮肤问题的天然物质。历史悠久的国家都不同程度地将植物精油应用于化妆品中，并发展出各类植物民俗疗法（都可视作芳香疗法的前身），从相关植物民俗疗法中可探寻出化妆品的应用史。

古罗马就有芳香沐浴的文化。古罗马人不仅将具有香气的植物浸入水中用来沐浴，也会将各类植物浸泡油或香脂涂抹于皮肤上以增加身体的芳香气味。

法国、德国皆有使用古龙水的历史。最早的古龙水是由 3 ~ 4 种植物精油混合调配而成的，通常是将柑橘类和草本类植物精油按一定比例调配，再将其混入高纯度伏特加酒中，这是最古老的制作方法。在拿破仑时代，人们更是将美化人体气味的古龙水发展到极致。据记载，拿破仑总是随身携带古龙水，即使打仗也不例外。

“匈牙利皇后水”也是古代芳香疗法用于化妆品的体现之一。14 世纪，匈牙利王国的皇后用 2 ~ 3 种植物精油调配成“匈牙利皇后水”，它具有良好的抗衰老功效，能美容养颜。现今，植物精油在化妆品中的使用已相当普遍，从清洁沐浴用品到彩妆用品，皆可看到植物精油的身影。植物精油本身分子结构小，多种化学成分又极具美容功效，将它们用于化妆品中可直接提升产品使用效果，对皮肤也没有副作用。植物精油可谓是皮肤保养与化妆美容中不可或缺的利器。选择适当的植物精油添加在化妆品中，可增强原有化妆品的自然功效。

相关链接

干性皮肤用玫瑰籽油、小麦胚芽油、鳄梨油等基础油，油性皮肤用葡萄籽油、甜杏仁油等基础油。基础油与柠檬、快乐鼠尾草、百里香、迷迭香、洋甘菊、薰衣草、天竺葵等精油混合制成皮肤清洁剂、收敛剂、面部保养油、面膜、护发剂、香水类化妆品等，可改善及预防问题性皮肤。

5. 芳香疗法与环保

每个人都要珍爱养育我们的土地以及周围环境，合理运用植物，守护人类与大自然彼此息息相关的关系，把祖先留给我们的美丽地球传给子孙后代。

在植物世界里，香味代表生命。花香越浓越容易招来蜜蜂和蝴蝶帮助植物授粉；水果的香气会吸引昆虫的侵袭，使种子落到地上，等第二年生根发芽。

当今社会，现代化大厦、高档别墅、住宅楼遍地，花草、树林越来越少，带有香气的植物无法满足人们的需求，因而大量化学替代品进入人们的生活与环境中。这些化学替代品无论质地、功效还是给周围环境所带来的影响都不如植物精油好。许多化学香精、香料在生产过程中需要大量排放废气、废水与废溶剂，对自然环境会造成巨大破坏。减少使用化学合成物质就会减少生产者对环境的污染。

6. 芳香疗法与保健

使用天然植物精油不仅有利于环保，也有利于人体自身的保健。不同植物精油的芳香物质给人们带来舒适减压的感受，在嗅觉与触觉的刺激下，有利于恢复人体机能的平衡，提高人体免疫力与排毒能力，从新陈代谢的生理途径起到调养身体的作用，同时振奋精神，减少人们对药物的依赖，进而使人的身体达到健康的状态。

测试题

一、单选题（选择一个正确的答案，将相应的字母填入题内的括号中。）

1. 从古至今，人类的生活从来没有离开过植物，都喜欢嗅闻或食用（　　）的植物。

A. 没有味道　　B. 颜色暗淡　　C. 气味芳香　　D. 气味辛辣

2. 芳香疗法利用的不同功效的复方精油是经专业人士（　　）而制成的。

A. 特殊稀释　　B. 特殊调配　　C. 简单调配　　D. 简单稀释

3. 芳香疗法的最大特征就是在改善身体、皮肤状况的同时着重于（　　）的调整、改善。

A. 足部　　B. 肌肉　　C. 心理　　D. 发质

4. 在法国，芳香疗法已成为（　　）的一个分支领域。

A. 美容　　B. 健身　　C. 现代医学　　D. 保健

5. 一般采用按摩、沐浴、（　　）等方法使精油透过皮肤被人体吸收。

A. 喷洒　　B. 饮用　　C. 直接涂抹　　D. 熏蒸

6. 精油在气体状态下被人吸入，到达鼻腔、嗅神经、（　　）来改善情绪。

A. 肺部　　B. 血管

C. 大脑边缘系统　　D. 肺黏膜

7. 到医院检查身体没有异常现象，但却感到不适，近年来将这种状态称为（　　）。

A. 营养不良　　B. 疾病状态　　C. 亚健康　　D. 神经异常

8. 在古埃及时代，人们用焚烧芳香植物的方法来驱赶魔鬼，敬拜大地或太阳，庆祝敌人的死亡和失败，以及（　　）。

A. 婴儿的诞生　　B. 祭祀
C. 驱蚊　　D. 熏香

9. 古埃及人利用一些有（　　）作用的精油保存尸体。
A. 杀菌　　B. 抗氧化　　C. 防腐　　D. 高渗透

10. 每日一次的（　　）和精油按摩是“医学之父”希波克拉底的养生之道，也是现今芳香疗法的中心原则。
A. 精油涂抹　　B. 精油敷按　　C. 精油沐浴　　D. 精油吸入

11. 在芳香疗法的历史上，（　　）“发明”了蒸馏精油的技术。
A. 阿拉伯人　　B. 古印度人　　C. 中国人　　D. 古埃及人

12. 古印度人认为：只有纯洁、善良的男人才能采集药草，且（　　）。
A. 采集前要沐浴　　B. 采集前要整理仪容
C. 采集前不能进食　　D. 采集前要吃饱

13. 加德佛赛因意外爆炸烧伤了手，匆忙中他把手插进盛满（　　）精油的容器中。
A. 天竺葵　　B. 依兰　　C. 薰衣草　　D. 乳香

14. 在米兰，也有研究利用精油治疗（　　）的医生。
A. 恐惧症　　B. 烧伤　　C. 抑郁症　　D. 癌症

15. 世界上最昂贵的化妆品都是以（　　）和其他天然成分作为添加剂的。
A. 矿物油　　B. 动物油　　C. 精油　　D. 药草

二、判断题（将判断结果填入括号中，正确的打“√”，错误的打“×”。）

1. 芳香疗法（aromatherapy）是一种以预防、保健为主的疗法。（　　）

2. 芳香疗法最终达到的目的是使人身心健康，它是一门使用植物治疗和预防疾病的科学及艺术。（　　）

3. 芳香疗法吸收了东方医学“身心一致”的思想，将印度医学、中国医学（包括中国藏医学）的理论融合进来。（　　）

4. 芳香美容是一种从内调节身体和情绪，由内养外使皮肤达到良好状态的美容科学。（　　）

5. 可将浓度为 100% 的植物精油涂抹在皮肤上。（　　）

6. 在古埃及，人们用一些有防腐作用的精油保存尸体。（　　）

7. 古希腊人的健康理念是在身体不同部位涂抹不同功效的精油将产生不同的效果。（　　）

8. 古希腊人将医学观念由半迷信提升为科学。（　　）

9. 更准确地说，是阿拉伯人改进了蒸馏精油技术。（　　）

10. 部分中国医书中记载的草药功效已获得现代科学的肯定。（　　）

11. 17 世纪是英国药草学的黄金时代，人们对其的认识甚至超过了化学。 (　　)

12. 草药和精油不能混为一谈，虽然它们有共同的起源。通常草药的使用剂量偏大，且药效较弱；而精油是高度浓缩的，所以使用剂量很小。 (　　)

13. 天然精油的化学结构复杂，具有多种功能。 (　　)

14. 精油能够帮助消化，提供营养物质，含有维生素、无机盐等。 (　　)

15. 人们利用精油净化环境、驱虫防虫、消除异味。 (　　)

测试题参考答案

一、单选题

1. C　2. B　3. C　4. C　5. C　6. C　7. C　8. A　9. C
10. C　11. A　12. C　13. C　14. C　15. C

二、判断题

1. ×　2. √　3. √　4. √　5. ×　6. √　7. √　8. √　9. √
10. √　11. √　12. √　13. √　14. √　15. √

培训任务 3

精油基础知识

学习单元 1

精油概述

精油是芳香美容不可缺少的重要产品。精油是充满活力的，其主要成分是野生植物或人工种植植物的花朵、叶、茎、种子、根、树脂中的挥发性物质。这些挥发性物质的化学成分非常复杂，比化学合成物质更有活性。它并不是植物代谢过程中的产物，而是植物生长、发展的重要因素。

一、精油的性质和挥发度

精油与油脂不同，其质地不油腻，并且具有较高的挥发性。

1. 性质

（1）亲油性。精油可以与植物油混合调制成按摩油和保养油。

（2）抗水性。精油不溶于水，这是它的密度所决定的。

（3）挥发性。精油暴露在空气中会很快挥发掉，滴在纸上不会留下油渍。

（4）可燃性。将精油滴在纸上用火柴点燃，可通过观察精油的可燃性来鉴别精油的品质。

2. 挥发度

（1）高音（轻油）。挥发度高，渗透较快，具有刺激性，可起到提神、醒脑作用。

（2）中音（中油）。挥发度适中，具有安抚、平衡、镇定、平复心境、减压的作用。

（3）低音（重油）。挥发度低，挥发较慢，有厚重深沉感，具有安神、松弛神经的作用。

二、精油的价格

自古以来，昂贵的精油始终是皇室专用品。从史书中可以得知，现在的精油价位与2000年前的精油价位不分上下。精油最早是拍卖出售的，但是现在可以很方便地购买到。精油价格的影响因素有以下几点。

1. 产地和自然因素

以薰衣草为例，人们通常会想到它产自法国。法国薰衣草生长在阳光普照、空气清新的阿尔卑斯地区。但其实世界各地都种有薰衣草，有的生长在公路边，有的生长在核电厂附近，这些显然有别于原产地为法国阿尔卑斯的薰衣草，它们的功效是不能相提并论的。

2. 农业因素

精油出处也是影响其价格的因素，有些萃取精油的植物喷洒过农药、杀虫剂等，萃取后的成品也含有农药等有害物质。这种现象已经引起各精油贸易组织的重视，各贸易组织纷纷要求在种植用于生产精油的植物时尽量减少农药的使用。通常情况下，由野生或有机种植植物萃取的精油才具有良好的品质。

3. 工业因素

随着全球经济不断发展，精油需求量也不断增加，但精油供给量却因精油植物种植量有限受到了限制。如今市面上的芳香美容产品有不同品牌，为确保所选择的精油产品纯正、质量上乘，而不是只具其味的化学合成品，就需要鉴别经验和技巧。首先要考虑供货商的信誉和产品的口碑，最重要的是货品价格。最昂贵的产品不一定最好，但是便宜的产品其质量一般得不到保证。某些生产商采用廉价方式萃取精油，违反了芳香美容规则，应受到限制。萃取的精油如果不是纯质的，是不能用于芳香美容的。用挥发剂萃取的精油主要用于香水工业。

4. 采集时机

精油储存在植物体内，直到开花前仍会持续增加；开花时，精油不再增加，因为受精作用要消耗精油；开花后，精油会再度出现于根部，它的化学成分不断改变，随着季节、时间的变化，精油在植物体内的位置也会不断改变。因此，采集植物萃取精油时要选择特定时间、特定位置的植物。一般来说，季节、天气状况、气候变化、萃取当天的时间、土壤情况、周围环境、种植方式等都会影响精油的价格，所以采集植物时均应考虑上述因素。

5. 制作成本

制作精油所需要的人力、物力、时间等因素构成了纯正精油的制作成本。这些因素决定了精油的制作成本并不低廉，是精油昂贵的主要原因。

初学者和初次接触精油者往往认为用精油来护理皮肤是一件奢侈的事。其实，精油比一些护肤品性价比高。因为进行精油护理时只需将几滴纯正精油与少量基础油混合即可，核算下来每个月花几十元便可以达到较好的护理效果，这是市面上一些护肤品在价格上所无法比拟的。

三、精油品质鉴别方法

一般选择可信赖的供货商和销售商，不负责任的供货商和销售商会用化学香精及稀释过的劣质精油制出“100% 纯精油”，顾客使用假冒伪劣精油后不仅达不到预期效果，其身体健康还会受损。

1. 成分测试

可通过气相色谱 - 质谱法（GC/MS）来确定精油成分。

2. 嗅觉测试

利用嗅觉来鉴定精油的前提条件是鉴定者必须熟悉精油。

（1）纯度。将一滴精油滴入 100 mL 温水中，水温应保持在 42 ℃，在 6 h 以内每小时试闻一次。

（2）强度。取一滴精油滴在纸上，每天清晨取出试闻，连续 10 天记录精油的气味强度。

3. 肉眼测试

将经稀释的精油擦在皮肤上，观察其是否很快被人体吸收，以证明所使用的精油渗透力是否强；或将精油直接滴在纸上，20 min 后观察精油是否挥发（高脂精油除外）。

4. 能量测试

用项链的宝石坠接近被测精油，如果宝石坠按顺时针转动则说明精油是 100% 的纯精油，如果宝石坠按逆时针转动则说明此精油混有化学香精，如果宝石坠自摆则说明此精油是经过稀释的混合油。

5. 理化试验

检验精油的沸点、密度、折射率、旋光度、酸值、皂化值。

6. 可燃性测试

将数滴精油滴在纸上，取一根火柴将纸点燃，由于精油具有可燃性，可通过观察纸是否会燃烧来鉴别精油的品质。

相关链接

假冒伪劣精油有两种：一种是化学合成品，就是利用化学合成方法制造的“精油”，这类产品只具有精油气味，却根本没有效用，在某种程度上还会对人体造成危害；另一种只含有极少的精油，一般是将精油用酒精进行稀释。

学习单元 2

精油的提炼

一、精油的形成和采集

植物以根、茎和叶三部分为主体，并会在不同季节开花。花是植物用来繁殖后代的器官。根、茎支撑植株，并且由下往上将从土壤里吸收的水分和溶解在其中的物质输送到叶，完成输送任务。叶是植物营养物质的制造工厂，主要经光合作用产生碳水化合物，而碳水化合物再进一步合成脂肪及蛋白质。

植物主要从外界获取水和空气。水主要透过根被植物吸取，而空气则是从叶背面的气孔吸入。叶中韧皮部位的筛管可帮助植物吸取养分。叶中含有负责催化的酵素群，其中最重要的一种酵素被称为叶绿素。叶绿素与阳光、二氧化碳及水共同参与光合作用，植物进行光合作用后会发出香味，同时植物精质以葡萄糖形式存在，然后借助叶遍布整株植物，使整株植物散发均匀香味，植物精质经萃取后就是精油。

有些植物如欧薄荷、薰衣草，其嫩叶本身无香味，但成熟时会散发香味。植物的花朵在成熟后未受精前，其香味可持续 8 天；在受精后，其香味在 1 h 内消失；即使未受精，花朵脱离植物后香味也会逐渐消失。

部分精油原植物的采集部位及采集时间见表 3–1。所有植物在干燥的清晨采集最佳，因为此时精油还没有因日照而蒸发。

表 3-1　　部分精油原植物的采集部位及采集时间

采集部位	采集时间
花朵	开花、蓓蕾阶段
果实	秋季
茎	春季
根	春季、秋季
树皮	冬季

精油分子的大小约为细胞的千分之一，所以比植物油和矿物油更容易渗透到皮肤深处，不会在皮肤表面造成毛孔堵塞。即使来自同一植物，萃取部位不同，精油的功效及品质也不同，如分别萃取自薰衣草花穗与茎叶的精油的成分、品质就有所差异。好品质精油来源于成熟后具有最佳生命动力时立即采摘下来的植物部位，如保加利亚玫瑰必须在凌晨到天亮之间由工人摘取其花朵部位，并在 24 h 内送到工厂去蒸馏萃取精油。

二、精油的萃取

在蒸馏厂，用蒸馏法萃取精油的过程如图 3-1 所示。

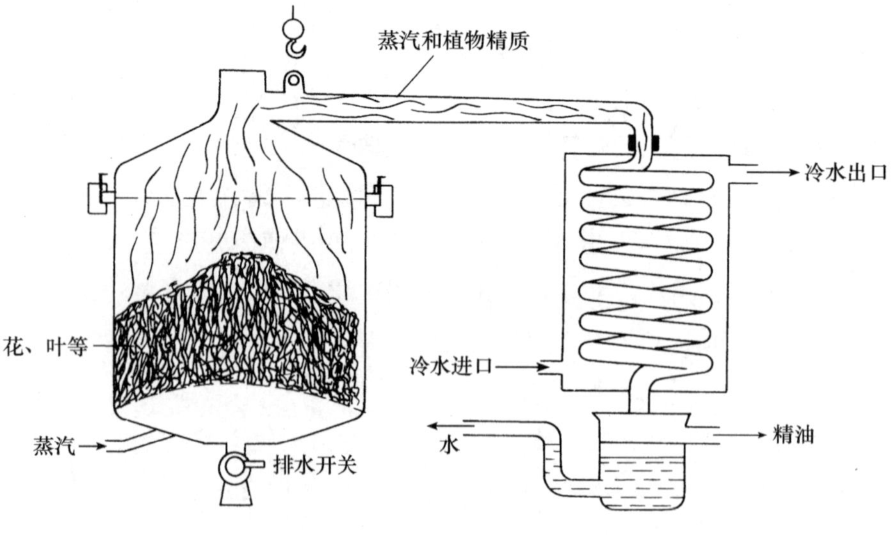

图 3-1　用蒸馏法萃取精油的过程

精油的萃取制造方法见表 3-2。

表 3–2 精油的萃取制造方法

制造方法	具体过程说明
蒸馏法	蒸馏法是提炼精油最古老且普遍应用的一种方法。蒸馏法是把植物材料放进蒸馏器中，用水和蒸汽将植物加热，使植物精质蒸发出来变成气体状态，再经过急冻，所得到的就是混合的精油和水。通常精油会浮在水上面，因为水的密度大于精油，所以可以轻易地将精油与水分离开来
脂吸法	将一片玻璃嵌在方形框架上，把薄薄一层脂肪（猪油或牛油）涂在玻璃上，然后铺一层新鲜花瓣，经过 24 h，花瓣所含的精油就会被脂肪全部吸附，再把框架反过来，待花瓣自动掉落，再铺一层新鲜花瓣。如此一天铺一层，需要持续 3 个月。当脂肪吸饱了精油后再用酒精将脂肪溶解，用机器搅拌让精油转溶于酒精中，酒精蒸发后留下精油。因花费人力及时间太多，脂吸法成本最高
压榨法	压榨法专门用于制造柑橘类如柠檬、甜橙、佛手柑等的精油，是最传统的家庭式生产方法。首先将果皮切碎、捣烂，用海绵吸收果皮汁液，然后挤压海绵使汁液流出，再收集起来。手工操作因耗费人力，成本昂贵，现在都由机器操作
溶剂法	溶剂法最常用于提炼树脂类及花朵类精油。将植物材料放在容器中用溶液浸没（处理花朵用石油醚，处理树脂则用酮），然后加热，使溶液萃取出植物材料中的芳香物质，过滤糊状物，再经蒸发处理就得到精油。乳香精油、没药精油等均采用溶剂法提炼

三、精油的组成

精油的化学成分非常复杂，由碳、氢、氧等化学元素组成不同的芳香分子。这些芳香分子按化学成分不同基本可分为八类（见表 3–3）：醇类、酸类、醛类、酯类、酮类、酚类、倍半萜类和萜烯类。芳香物质可能不只由一种芳香分子组成，即使是从同一种植物体内提炼出来的精油也有可能由不同的化学成分组成，原因是精油中酯类、醇类等化学成分会随着季节转换、土壤组成差异和气候条件变化而有所不同。

表 3–3 芳香分子的主要化学成分

名称	英文	说明
醇类	alcohols	精油中的主要化学成分，具有抗菌作用，对皮肤无毒性，属于较温和的化学成分
酸类	acids	具有抗炎作用，从植物萃取出的酸类属于弱酸，这类弱酸并不会损伤或侵蚀皮肤
醛类	aldehydes	具有强烈的刺激性，除了具有抗炎作用之外，还可以安抚中枢神经系统，缓和血压
酯类	esters	具有抗痉挛、抗炎和平顺神经系统的作用，是精油中最温和的化学成分

续表

名称	英文	说明
酮类	ketone	具有强烈的刺激性，对人体和皮肤的作用很强烈，使用时必须小心谨慎；若某精油含有较高含量的酮类成分，则不建议给孕妇或体弱者使用
酚类	phenols	具有强劲的杀菌和抗病毒功效，对人体皮肤和黏膜组织有较大的刺激性；使用酚类成分含量较高的精油时，务必稀释后使用，且不建议长期使用此类精油
倍半萜类	sesquiterpenes	具有良好的镇定、安抚和抗炎作用，适合敏感性皮肤人群使用
萜烯类	terpenes	具有抗菌和镇痛功效，但较易刺激皮肤，应谨慎使用

在芳香美容领域，只有具有丰富经验的从业人员才知道如何正确调配各种精油，使精油间相互协调平衡，如让某种精油中的碱与另外一种精油中的酸产生中和作用。芳香美容的初学者在未全面掌握专业要求时，最好谨慎使用各种精油。

每种单方精油含有上百种化学成分，这些不同的芳香分子组合形成独特的气味和功效。有些工厂想制作出单一成分的精油来获得精准功效，但无论如何纯化或萃取也只能得到90%左右的单一成分，依然有10%左右的其他成分存在（至少有微量的其他成分存在），这就是天然物质的特性。因此，精油的使用效果是平衡协调的，而不同于化学合成药物那样强烈地刺激人体。

目前已经知道，薰衣草精油中醇类占50%，由醇类衍生的酯类占44%～45%，氧化物占2%～3%，倍半萜类占3%，另外还有一些微量但比较重要的成分。另外，柑橘类精油含有柠檬醛，玫瑰精油含有香茅醇、沉香醇等，茴香精油含有酚酮、茴香脑。

学习单元 3

精油的功效与运用

一、精油的功效

1. 常用的花朵类精油及其功效（见表 3-4）

表 3-4　　常用的花朵类精油及其功效

名称	取材图示	挥发度	功效
洋甘菊精油		中	神经功效：缓解忧郁、沮丧的心情，松弛神经，舒缓紧张和愤怒的情绪 身体功效：镇痛消炎，缓解经痛及牙痛；调节消化系统；抗感染，增强免疫力；溶解尿路结石；改善失眠症状；促进血液循环 皮肤功效：改善烫伤、晒伤、溃疡、湿疹、皮炎、疱疹、癣的症状，缓解皮肤敏感的现象；消肿，平复毛细血管破裂；适用于干性皮肤、痤疮皮肤和发炎皮肤

续表

名称	取材图示	挥发度	功效
茉莉精油		低	神经功效：松弛神经，改善情绪，恢复精力 身体功效：助产，减轻生育时的痛苦；平衡激素分泌，舒缓经痛，消除阴道感染；强健男性生殖系统，改善阳痿、早泄、性冷淡的症状；改善呼吸系统功能 皮肤功效：淡化妊娠纹及疤痕；适用于干性皮肤、敏感性皮肤
橙花精油		低	神经功效：缓解焦虑、沮丧的心情，减轻压力，安抚情绪，使心情愉快，改善更年期的心理问题 身体功效：改善失眠症状，缓解头痛；调节肠胃功能，镇定心悸；促进血液循环 皮肤功效：促进细胞再生，增强皮肤弹性；改善静脉曲张症状及疤痕、妊娠纹；适用于干性皮肤、敏感性皮肤和发炎皮肤
玫瑰精油		低	神经功效：平复情绪，提振精神，松弛神经，舒缓紧张的情绪，减轻压力 身体功效：滋补子宫，促进激素的产生，调节月经，有助于解决性方面的问题；滋补心脏，促进血液循环；改善消化系统及呼吸系统功能；助眠 皮肤功效：改善毛细血管扩张的皮肤，促进黑色素分解；适用于任何皮肤，特别适用于干性、敏感性皮肤
依兰精油		低～中	神经功效：松弛神经，舒缓紧张、愤怒及恐惧的情绪 身体功效：调节生殖系统，健胸，滋补子宫，有助于解决性方面的问题；降血压，抗肠道感染 皮肤功效：平衡皮脂分泌，适用于油性皮肤和干性皮肤；滋养头皮，改善发质

2. 常用的花叶类精油及其功效（见表 3-5）

表 3-5　　常用的花叶类精油及其功效

名称	取材图示	挥发度	功效
天竺葵精油		中	神经功效：缓解忧郁、沮丧的心情，提振精神，缓解压力 身体功效：调节激素分泌，改善更年期问题及乳房发炎症状；消除水肿，刺激淋巴系统和血液循环系统，排出肝、肾的毒素；改善消化系统功能；溶解尿路结石 皮肤功效：平衡皮脂分泌，改善带状疱疹、湿疹、癣、烧伤、冻伤的症状和毛孔阻塞、面色苍白的情况；适用于各种皮肤
薰衣草精油		中	神经功效：安抚情绪，净化心灵，减轻愤怒的情绪及筋疲力尽的感觉，平衡中枢神经 身体功效：改善失眠症状，降血压，镇静心脏，促进血液循环，有助于改善呼吸系统、消化系统及妇科的问题，止痛 皮肤功效：促进细胞再生，平衡皮脂分泌，改善烧伤、烫伤、晒伤、皮炎、湿疹、癣、疥疮、痤疮的症状，淡化疤痕，帮助头发生长
迷迭香精油		中	神经功效：使头脑清醒，增强记忆力，改善紧张的情绪，净化心灵 身体功效：改善头晕及感冒症状，使身体富有活力；缓解风湿痛，改善肌肉劳损；滋补心脏；降血压；调理气血，缓解经痛；改善肠道功能，帮助排毒，有利于减肥 皮肤功效：收敛皮肤，消除水肿、皮肤充血，刺激毛发生长

续表

名称	取材图示	挥发度	功效
快乐鼠尾草精油		中	神经功效：缓解焦虑情绪，放松神经，振奋精神，放松心情 身体功效：滋补子宫，调节月经，平衡激素分泌，缓解产后抑郁症；缓解胃部不适、头痛，改善呼吸系统功能；促进血液循环，抑制出汗，对全身有调节及平衡作用 皮肤功效：促进细胞再生；有利于头皮部位头发的生长，净化油腻的头发，减少头皮屑，抑制皮脂过度分泌
墨角兰精油		中	神经功效：净化心灵，缓解压力，稳定情绪 身体功效：改善失眠症状；缓解肌肉疼痛、风湿痛、背部疼痛、头痛；促进血液循环，滋补心脏，降血压；调节消化系统，排出身体毒素；改善感冒症状；调节月经，减轻经痛，抑制性欲 皮肤功效：消除瘀血
百里香精油		中～高	神经功效：活化大脑细胞，增强记忆力及集中注意力，振奋精神，安抚心灵 身体功效：促进血液循环，改善低血压；提高免疫力，预防感冒；消除身体疼痛；强化呼吸系统功能；利尿，帮助消化；改善妇科问题 皮肤功效：滋补头皮，抑制脱发，改善皮肤问题

3. 常用的果实类精油及其功效（见表 3-6）

表 3-6　　常用的果实类精油及其功效

名称	取材图示	挥发度	功效
佛手柑精油		高	神经功效：缓解焦虑、沮丧的心情，安抚紧张、愤怒的情绪 身体功效：调节子宫，改善性器官感染症状；改善呼吸道感染症状；改善膀胱炎症状，调理肠胃功能 皮肤功效：改善油性皮肤，改善因压力引起的湿疹、疥疮、痤疮、癣；缓解头皮的脂溢性皮炎；缓解口腔溃疡
葡萄柚精油		高	神经功效：稳定情绪，平衡中枢神经，振奋精神，缓解疲劳 身体功效：改善水肿型肥胖、蜂窝织炎症状；调节消化系统，滋补肝脏；减轻偏头痛、经痛 皮肤功效：改善油性皮肤，收敛、紧致皮肤
柠檬精油		高	神经功效：使头脑清醒 身体功效：改善头痛、偏头痛、关节炎疼痛、痛风症状；促消化，改善便秘症状；预防感冒引起的呼吸道问题，帮助退热；促进血液循环，有助于消除多余脂肪；预防指甲干裂 皮肤功效：去除老化细胞，改善暗沉皮肤，使肤色明亮，改善毛细血管破裂皮肤；改善油性发质
甜橙精油		高	神经功效：缓解压力，振奋精神 身体功效：对身体内部组织有修复作用；减轻肌肉疼痛，健壮骨骼；改善失眠症状；预防感冒；帮助消化、开胃，促进胆汁分泌 皮肤功效：改善干性皮肤、皱纹皮肤及湿疹皮肤；促进汗液分泌，有助于排毒

续表

名称	取材图示	挥发度	功效
来檬精油		高	神经功效：振奋精神 身体功效：刺激消化系统，增进食欲；改善酒精中毒程度及风湿痛；预防感冒引起的喉咙痛，缓解咳嗽、鼻窦炎症状；调节免疫系统，强壮身体 皮肤功效：收敛及调理皮肤，改善油性皮肤
杜松精油		中	神经功效：刺激和强化神经 身体功效：利尿，帮助排毒，改善蜂窝织炎和水肿的症状；净化肠道，调理肠胃；缓解身体疲倦、沉重的感觉，用杜松精油足浴可减轻充血现象；强健四肢，改善身体僵硬性疼痛；调节月经，舒缓经痛，助产 皮肤功效：改善头皮皮脂分泌过度、毛孔阻塞的情况以及痤疮、湿疹、癣的症状；适用于油性皮肤

4. 常用的种子类精油及其功效（见表 3-7）

表 3-7　常用的种子类精油及其功效

名称	取材图示	挥发度	功效
欧白芷精油		低	神经功效：消除压力，缓解疲劳，净化心灵，提升自信心 身体功效：止头痛、牙痛、偏头痛，改善风湿痛、关节炎疼痛、痛风症状、坐骨神经痛；促进经期恢复，减轻经痛，辅助调理不孕症；缓解呼吸系统疾病症状；改善消化不良、反胃、胃溃疡、厌食的症状；滋补肝脾；促进淋巴循环 皮肤功效：消除皮肤炎症，改善皮肤的细菌寄生问题

续表

名称	取材图示	挥发度	功效
豆蔻精油		高	神经功效：振奋精神，改善情绪 身体功效：有益于呼吸系统，缓解咳嗽；温暖身体，缓解月经前的头痛；滋补身体，减肥，利尿，改善消化系统功能 皮肤功效：未知
胡萝卜籽精油		中	神经功效：净化心灵，消除压力，缓解疲劳 身体功效：调节激素分泌，改善不孕症；预防呼吸系统疾病，强化呼吸系统功能；改善贫血症状；缓解肠胃不适，排出体内多余水分；有助于改善肝炎症状 皮肤功效：改善肤色，使皮肤有活力、有弹性；促进细胞再生，预防皱纹产生及促进伤口愈合；改善因干燥引起的皮炎

5. 常用的叶类精油及其功效（见表 3-8）

表 3-8　常用的叶类精油及其功效

名称	取材图示	挥发度	功效
丝柏精油		低～中	神经功效：缓解愤怒的心情，净化心灵 身体功效：改善蜂窝织炎症状，平衡体液；促进血液循环，改善静脉曲张和痔疮的症状；调节肝功能；调节卵巢功能，缓解经痛和调理经血过多 皮肤功效：控制皮肤水分流失，改善老化皮肤，有利于伤口愈合，促进结痂

续表

名称	取材图示	挥发度	功效
尤加利精油		高	神经功效：稳定情绪，使头脑清醒，有助于集中注意力 身体功效：缓解呼吸道发炎症状，预防流行性感冒、喉咙感染，缓解咳嗽、气喘；降低体温，消除体臭；减轻头痛、腹痛、风湿痛及肌肉痛；对生殖、泌尿系统有帮助；改善失眠症状 皮肤功效：防止皮肤滋生细菌，改善阻塞的毛孔，减轻发炎症状
欧薄荷精油		高	神经功效：缓解愤怒和沮丧的心情，改善情绪，有助于缓解疲劳，提神醒脑 身体功效：在温度方面有双重作用，热时清凉，冷时暖身；改善呼吸系统疾病症状；帮助解决消化系统出现的问题，如呕吐、腹泻、便秘、口臭、反胃等；改善肝肾失调；缓解神经痛、风湿痛和肌肉酸痛，减轻头痛、偏头痛及牙痛；有通经作用 皮肤功效：改善湿疹、癣、疥疮的症状，缓解皮肤瘙痒；可使皮肤柔软，清除黑头痤疮；适用于油性发质和油性皮肤、发炎皮肤
茶树精油		高	神经功效：使头脑清醒，安抚情绪 身体功效：抗菌，强化免疫系统功能，用排汗的方式将毒素排出体外，改善流行性感冒、唇部疱疹和牙龈发炎的症状；改善生殖器和肛门的瘙痒症状，有助于消除生殖器、尿道感染 皮肤功效：改善伤口化脓感染的症状，改善烧伤、晒伤、痤疮、癣、疣、疱疹、皮炎的症状；改善头皮过干和头皮屑过多的现象

续表

名称	取材图示	挥发度	功效
罗勒精油		高	神经功效：有助于集中注意力，改善沮丧的情绪，放松神经 身体功效：促进血液循环；缓解肌肉疼痛，减轻肌肉痉挛；缓解蚊虫咬伤的痛痒症状；助孕及调节经期出现的问题；改善消化系统问题；有益于呼吸系统；止痛，尤其适合缓解头痛及偏头痛；减轻过敏现象 皮肤功效：收敛及清洁皮肤，预防和改善痤疮皮肤
广藿香精油		低	神经功效：使头脑清醒、心绪平和 身体功效：抑制胃口，缓解腹泻症状；改善蜂窝织炎症状，调节汗液分泌；缓解蚊虫咬伤的痛痒症状 皮肤功效：帮助细胞再生，收敛皮肤和促进伤口愈合，减轻发炎症状，改善粗糙、皲裂和痤疮皮肤

6. 常用的树脂类精油及其功效（见表 3-9）

表 3-9　　常用的树脂类精油及其功效

名称	取材图示	挥发度	功效
乳香精油		低～中	神经功效：安抚焦虑的心情，使心绪平和 身体功效：缓解呼吸急促、头部受凉症状和咳嗽；减轻经血过多的症状，缓解产后抑郁症；安抚胃部，促进消化，改善消化不良症状；促进血液循环 皮肤功效：有助于抚平皱纹，收敛和平衡油性皮肤

续表

名称	取材图示	挥发度	功效
没药精油		低	神经功效：平复情绪 身体功效：清肺；改善口腔问题；适用于妇科问题，缓解经血过少、白带过多、念珠菌感染等症状；促进血液循环 皮肤功效：改善流水伤口，改善皲裂的皮肤
安息香精油		低	神经功效：安抚神经系统，舒缓紧张的情绪，减轻压力；缓解悲伤、寂寞和沮丧的心情；排解忧虑，恢复自信心，改善筋疲力尽的身心状态 身体功效：促进血液循环，减轻疼痛；润肺，改善支气管炎、感冒的症状；利尿；有助于解决性方面的问题，改善生殖器问题，如白带过多；安抚胃部 皮肤功效：适用于干性皮肤，使皮肤恢复弹性，改善手部和脚部冻疮、伤口发炎、皮肤或黏膜溃疡、皮肤发红和发痒等症状

7. 常用的根类精油及其功效（见表 3-10）

表 3-10　　常用的根类精油及其功效

名称	取材图示	挥发度	功效
生姜精油	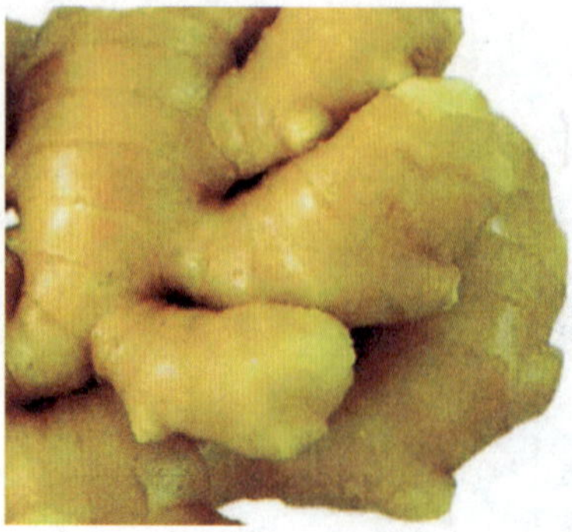	高	神经功效：增强记忆力，温暖身体，激励人心，使人愉快；改善听力，使感觉器官敏锐 身体功效：缓解喉咙痛和扁桃体炎症状；驱除体内湿气、寒气；调节消化系统，促进胃液分泌，改善食欲不振、腹泻的症状；缓解关节炎、风湿、抽筋、肌肉痉挛的症状，缓解下背部的疼痛；促进血液循环；可用于产后护理，消除积存的血块 皮肤功效：改善冻疮症状，有助于消散瘀血

续表

名称	取材图示	挥发度	功效
岩兰草精油		低	神经功效：具有镇静的功效，平衡中枢神经，舒缓紧张的情绪，减轻压力 身体功效：具有活血行血的功效，有助于减轻风湿痛和关节炎疼痛，帮助身体恢复健康；改善睡眠 皮肤功效：有助于消除痤疮

8. 常用的茎类精油及其功效（见表 3-11）

表 3-11 常用的茎类精油及其功效

名称	取材图示	挥发度	功效
檀香木精油	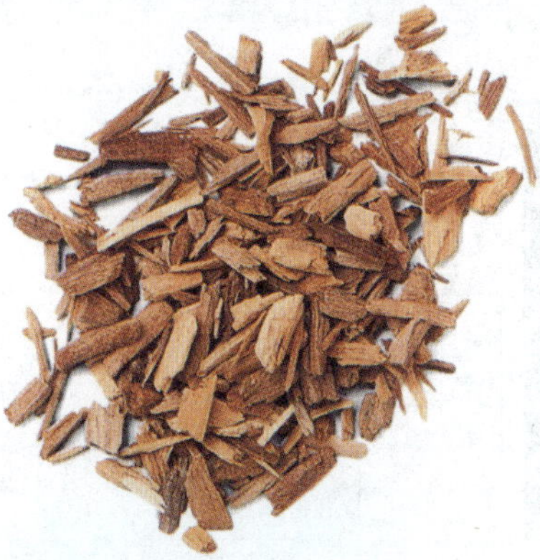	低	神经功效：具有放松和镇静的功效，安抚紧张的神经和焦虑的情绪，带来祥和平静的感觉 身体功效：对生殖系统、泌尿系统有帮助，有助于解决性方面的问题；放松身体，舒缓咳嗽和喉咙痛；助眠；预防细菌感染；减轻腹泻症状 皮肤功效：有助于干性湿疹和老化缺水皮肤的恢复，缓解皮肤发痒、发炎的症状，有保湿的作用，与荷荷巴油调配后是绝佳的颈部乳液
雪松木精油		低	神经功效：舒缓紧张和焦虑的情绪，有助于沉思冥想 身体功效：有益于呼吸道健康，改善咳嗽、流鼻涕等症状；调节肾脏功能；减轻风湿痛和关节炎疼痛 皮肤功效：改善痤疮皮肤，帮助消除湿疹和癣；可以用于调制护发剂，改善头皮脂溢性皮炎症状及头皮屑过多、秃发的情况，软化头皮；适用于油性皮肤

续表

名称	取材图示	挥发度	功效
花梨木精油		中	神经功效：改善情绪低落、极度疲劳、忧心忡忡的心理状态，使人振奋、精神焕发 身体功效：缓解喉咙发痒和咳嗽；有助于解决性方面的问题，增强性欲；减轻头痛；消除体臭 皮肤功效：刺激细胞组织再生，延缓皮肤老化，适用于敏感性皮肤、发炎皮肤

9. 常用的香料类精油及其功效（见表 3-12）

表 3-12　常用的香料类精油及其功效

名称	取材图示	挥发度	功效
黑胡椒精油		中	神经功效：振奋精神，提升自信心；有安慰及温暖人心的作用，具有激励的效果 身体功效：改善着凉引起的感冒症状；促进血液循环，有助于排毒和消除多余脂肪；促进食欲，止吐，改善肠胃问题；利尿；使肌肉结实，预防肌肉酸痛；改善风湿性关节炎及四肢麻木的症状 皮肤功效：消除瘀血
茴香精油		高	神经功效：具有激励、振奋精神的作用 身体功效：有益于消化系统，缓解反胃症状，促进肠胃蠕动；有助于消除喉咙痛；使身体温暖，改善寒冷气候引起的风湿性腰痛；缓解经痛，可以调经 皮肤功效：未知

续表

名称	取材图示	挥发度	功效
肉桂精油		低	神经功效：振奋精神，安抚沮丧的心情 身体功效：减轻感冒和呼吸困难的症状，预防传染性疾病；促进血液循环，刺激体液分泌；减少肠道感染，减轻消化不良、胃痛、腹泻、反胃、呕吐的症状，刺激胃液分泌；减轻经痛，调理经血过少，具有催情作用；减轻风湿痛 皮肤功效：收敛和紧致皮肤

二、精油的运用

1. 精油运用的意义

人的情绪会直接影响身体健康，而皮肤是身体健康的一面镜子，所以皮肤也会受到影响。人只有内在身体健康、心情愉快，才会拥有外在的皮肤健康。精油的运用对于人身心健康的各方面都具有积极意义。

（1）皮肤方面。精油能加速细胞新陈代谢，刺激细胞生长，减缓皮肤老化。精油能帮助修复疤痕及愈合伤口，提高皮肤的抵抗力，并能使皮肤更有弹性。

（2）身体健康方面。精油能提高身体的免疫力，使身体排出多余的水分及废物，发挥平衡作用；精油能增强身体对疾病的抵抗力，使“呆滞”的器官活跃起来。

（3）情绪方面。精油能增强人的自信心，并能改善记忆力、注意力以及对事物的决断力。现代人经常面对工作及家庭等方面的压力，因而情绪容易失控，精油对稳定情绪有极大帮助，并有助于生理健康及心理健康的协调发展。

（4）医学方面。精油的药性比草药强 70 倍，渗透力强，能迅速针对疾病进行治疗。

（5）宗教方面。有意识地运用精油可使精神有所皈依，故精油又被运用在一些宗教仪式上，如祭祀用檀香木精油、集会用乳香精油、冥想静坐用没药精油等。

2. 精油使用注意事项

（1）有些精油可增加皮肤对光线的敏感度，因此经常晒日光浴的人不宜使用这类精油。例如，芸香科植物精油含有呋喃香豆素，使用后半小时之内不能晒太阳，否则皮肤会过敏或出现黑斑。

（2）癫痫、痉挛、心脏病、肾病患者或生理及情绪极度敏感者，必须经医生批准才可接受精油护理。

（3）脉管密集的部位不宜使用精油，如静脉炎患者的患处严禁使用精油。

（4）针对皮肤传染病、湿疹、皮疹、蚊虫咬伤等，只是受影响部位适宜使用精油。

（5）孕妇及儿童应避免使用精油。

（6）精油应保存在恒温、阴凉、避光的地方。使用后应盖紧瓶盖，因为精油接触的空气越多越容易变质和挥发。需要将精油放在安全的地方，勿让儿童拿到。

（7）癌症患者不宜使用精油，以免导致癌细胞扩散。

（8）注意精油的用量，有些精油使用过多会产生相反的效果。

（9）纯精油不能直接涂在皮肤上，应用基础油稀释后再使用。

（10）应谨慎地将精油用在眼睛周围、嘴唇等部位。

（11）使用精油前最好先做皮肤测试，以免过敏。

（12）同一种精油不宜长时间使用。

（13）哮喘患者最好避免使用蒸汽吸入法，以免发病。

学习单元 4

复方精油的调配

一、基础油

1. 基础油的概念

基础油又称媒介油或基底油，是取自植物花朵、果实、种子的油。很多基础油都具有医疗效果。芳香美容所选用的基础油是经过冷压法提炼的（在 60 ℃以下处理），因为冷压法可以较好地保留植物中的无机盐、维生素、脂肪酸等。经冷压法处理的基础油具有较好的滋润、滋养作用。基础油是用来稀释精油的，这样才能以正确的剂量将精油用于按摩或皮肤护理。如果使用未经稀释的精油，则会因精油浓度过高、太过强烈而伤害皮肤。

2. 基础油的种类及作用（见表 3-13）

表 3-13　基础油的种类及作用

种类	作用
甜杏仁油	甜杏仁油具有良好的亲肤性和滋润性，即使皮肤最娇嫩的婴儿也可以使用。它含有较高含量的营养素，适用于干性或敏感性皮肤，可改善皱纹皮肤、痤疮皮肤。它具有软化皮肤的功能，适合做全身按摩时使用，也常用在缓解皮肤发痒、红肿、干燥和发炎的精油配方中。食用甜杏仁油可以调节内分泌系统的垂体、胸腺和肾上腺功能，促进细胞新陈代谢

续表

种类	作用
杏核仁油	肤色蜡黄或面部有脱皮现象的人非常适合用杏核仁油，它对身体虚弱的人的皮肤也很有益处，可帮助改善紧绷的身体、早熟的皮肤、敏感性皮肤、发炎干燥的皮肤
鳄梨油	鳄梨油的深层清洁效果良好，可以作为面部清洁乳，对促进新陈代谢、淡化黑斑、消除皱纹均有很好的效果，适用于干性皮肤、敏感性皮肤、缺水皮肤、湿疹皮肤
荷荷巴油	荷荷巴油是头发用油的最佳选择，可以改善粗糙的发质，防止头发晒伤及帮助软化头发，还可以帮助头发变黑及预防分叉；也是很好的滋润及保湿油，可以保存皮肤水分，预防皱纹及软化皮肤，适合成熟及老化皮肤，常用于面部、身体的按摩。它适用于油性皮肤、发炎皮肤、痤疮皮肤，对湿疹、癣有效
小麦胚芽油	小麦胚芽油常用在改善消化系统、呼吸系统和血液循环系统功能的精油配方中。它含有脂肪酸，可促进皮肤再生，对干性皮肤以及黑斑、疤痕、湿疹、癣、妊娠纹有滋养效果
月见草油	月见草油对经前综合征、多种硬化症、更年期综合征有帮助，能改善癣和湿疹的症状，还能防止皮肤早衰，使用时可以调在乳液、乳霜中
葡萄籽油	葡萄籽油渗透力强，可在进行面部按摩时使用，能降低紫外线的伤害，保护皮肤中的胶原蛋白，改善静脉曲张和水肿的症状以及预防黑色素沉着，能增强皮肤的保湿效果，软化皮肤，使皮肤保持弹性及张力，避免皮肤下垂及产生皱纹，尤其有益于敏感性皮肤、痤疮皮肤。它质地清爽不油腻，易为皮肤所吸收
玫瑰籽油	玫瑰籽油有软化、美白皮肤的功效，可以预防日晒后色素沉着；可预防皱纹，改善妊娠纹；具有组织再生的功效，能有效改善疤痕；具有保持皮肤水分的功效，对晒伤、癣、湿疹、痤疮都有效。它适用于老化皮肤

3. 基础油的特性

基础油不容易挥发，但保存期限也不宜太长。因为开封后基础油会接触空气，所以不要一次性将精油加入大量的基础油中，最好是每次用多少就调多少，以免基础油酸败造成精油的损失。

二、调配的基本原则

1. 剂量的控制

调配复方精油（见图 3–2）是一门艺术，在调配时必须考虑许多因素，包括精油的功效、调和性、气味强度以及顾客的皮肤情况等，以便调配出适合的复方精油。一般一次使用 3～5 种不同精油，这样不但可以增加香味的丰富性，让香味给人以不一样的感受，还可以使效果更佳，运用时接受度更高。不同用途的精油调配剂量和精油调配比例分别见表 3–14、表 3–15。

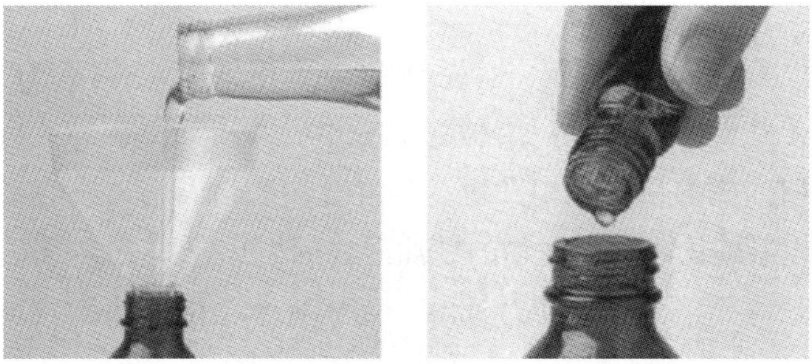

图 3–2 调配复方精油

表 3–14 **不同用途的精油调配剂量**

用途	体积分数	精油 / 滴	基础油 /mL
面部保养油	1%	10[①]	50
敏感性皮肤按摩油	1%	2	10
干性皮肤按摩油	1.5%	3	10
油性或痤疮皮肤按摩油	2%	4	10
舒缓减压身体按摩油	3%	9	15

表 3–15 **精油调配比例**

体积分数	基础油 /mL						
	5	10	15	20	25	30	50
	精油 / 滴						
0.5%	0.5	1	1.5	2	2.5	3	5
1%	1	2	3	4	5	6	10
1.5%	1.5	3	4.5	6	7.5	9	15
2%	2	4	6	8	10	12	20
2.5%	2.5	5	7.5	10	12.5	15	25
3%	3	6	9	12	15	18	30

① 10 滴精油的体积约为 0.5 mL。

2. 品质的选择

按摩时应使用高品质的精油和基础油，必须找信誉良好的正规供应商。价格是品质指标，低价混合物可能是由天然精油与合成精油混合而成的，其品质粗劣，应避免用于芳香美容。

（1）气味。每个人喜爱的气味不同，所以复方精油的气味应是自己或顾客所喜欢的。一般来说，花朵类精油和果实类精油中的柑橘类精油很容易混合；叶类精油、茎类精油和果实类精油中的柑橘类精油也容易混合；香料类精油则容易与树脂类精油混合。萃取于科属相近植物或同类植物的精油混合后气味较佳。有些精油的气味较强烈，如尤加利精油、欧薄荷精油、柠檬精油等；而檀香木精油气味则较弱，要仔细闻一会儿才能闻到。

（2）挥发性。挥发性是指物质接触空气后消失的速度，也可以作为人体吸收快慢的判断依据。精油是挥发性物质，滴在纸上只要超过 20 min 就会完全挥发。由于精油挥发有快慢之分，因此在调配精油时要了解不同精油的挥发速度，有助于估计其混合气味能持续多久。气味相近、科属相近或挥发速度差不多的精油均可以混合形成复方精油。复方精油的气味组合会依照挥发度的高低由高音至低音渐渐散发出来。精油前调的气味给人以第一印象，中调是气味主调，后调是持续释放出的气味。

3. 调配精油的注意事项

（1）必须经过专业训练才能调配精油，精油应依照安全比例调配。

（2）必须使用优质精油与基础油进行调配。

（3）必须在通风良好的房间内调配精油，以免精油的强效气味引起身体不适。

（4）使用经过消毒、干燥的干净器具调配精油。即使一滴水也会使精油混浊，甚至破坏其品质。

（5）在取出精油后必须盖紧瓶盖，否则精油会挥发，或不洁尘埃会进入瓶内破坏精油品质。

（6）大量精油必须倒入较小的容器内，以免发生氧化作用。一次调配量以够用为原则，不宜过多调配，以免浪费昂贵的精油。

（7）保存精油时应使用深色玻璃瓶（防紫外线）及有标准滴管的容器，因为精油纯度很高，一般器皿会被溶蚀。另外，光线也会影响精油的品质。

操作技能

复方精油调配的操作

操作准备

各类植物精油、基础油。

操作步骤

步骤 1 指导顾客填写顾客个人护理咨询表（见表 3–16）。

表 3–16 **顾客个人护理咨询表**

姓名________ 性别________ 年龄________ 电话____________ 身高________ 体重________ 职业____________________ 婚姻状况________ 子女________	
生活方式	运动□ 吸烟□ 饮酒□ 新鲜空气□ 饮食（口味）状况____________________ 睡眠状况____________________
皮肤类型	干性□ 油性□ 混合性□ 敏感性□ 老化□
皮肤状况	皮炎□ 痤疮□ 湿疹□ 黑斑□ 皱纹□ 是否整形□ 手术□ 新疤痕□ 慢性病□ 重病□ 常吃药□ 保健品□
循环系统	心脏病□ 静脉曲张□ 水肿□ 高血压□ 低血压□ 淋巴疾病□
消化系统	胃病□ 消化不良□ 胀气□ 厌食□ 恶心□ 胃痉挛□ 胃部不适□
呼吸系统	鼻炎□ 鼻窦炎□ 咽炎□ 气管炎□ 咳嗽□ 肺部不适□ 喉咙不适□
泌尿系统	肾炎□ 膀胱炎□ 尿道疾病□ 其他____________________
生殖系统	月经状况____________________ 经前不适____________________ 更年期综合征____________________ 流产□ 怀孕□ 避孕药□ 妇科病□
内分泌系统	唾液分泌____________ 汗液分泌____________ 皮脂分泌____________ 甲状腺____________ 垂体____________ 肾上腺____________ 胸腺____________
神经系统	头痛□ 偏头痛□ 脑神经痛□ 肩膀疼痛□ 坐骨神经痛□ 肌肉酸痛□
腰椎疾病____________ 颈椎疾病____________ 关节炎____________ 风湿____________ 类风湿____________ 服用药物________________________ 常用化妆品________________________ 其他____	

芳香美容顾问____________ 顾客签名____________ 日期________

步骤 2 根据咨询结果选择正确的精油。

步骤 3 根据咨询结果选择正确的基础油。

步骤 4 选择配方、调配比例。

步骤 5 正确计算用量，进行调配。

注意事项

1. 顾客个人护理咨询表的填写要完整、真实。
2. 根据顾客身体状况选择护理项目。
3. 精算调配比例，确保一人一方。
4. 每个护理项目最好设计两个以上配方，交替使用。

测试题

一、单选题（选择一个正确的答案，将相应的字母填入题内的括号中。）

1. 精油的性质有亲油性、抗水性、（　　）、可燃性。

A. 挥发性　B. 可溶性　C. 抗菌性　D. 防腐性

2. 精油按挥发度可分为轻油、（　　）、重油。

A. 中油　B. 极轻油　C. 极重油　D. 中等油

3. 每种单方精油的化学成分有（　　）种。

A. 十几　B. 上百　C. 上千　D. 上万

4. 精油的价格与（　　）和自然因素有关。

A. 产地　B. 灌溉情况　C. 日照程度　D. 雨水量

5. 精油的价格还与农业因素、工业因素、（　　）和制作成本有关。

A. 采集时机　B. 灌溉情况　C. 日照程度　D. 雨水量

6. 通过嗅觉测试主要鉴别精油的纯度和（　　）。

A. 强度　B. 气味　C. 成分　D. 挥发性

7. 鉴别精油品质的方法有成分测试（气相色谱－质谱法）、嗅觉测试、肉眼测试、能量测试、理化试验、（　　）。

A. 可燃性测试　B. 味道测试　C. 挥发性测试　D. 密度测试

8. 茴香精油、黑胡椒精油是从植物（　　）中萃取的。

A. 种子　B. 果实　C. 树脂　D. 枝叶

9. 没药精油、乳香精油是从植物（　　）中萃取的。

A. 种子　B. 果实　C. 树脂　D. 枝叶

10. 目前提炼精油最普遍的方法是（　　）。

A. 蒸馏法　　B. 脂吸法　　C. 压榨法　　D. 溶剂法

11. 天竺葵精油是从植物的（　　）中萃取的。

A. 花和叶　　B. 花瓣　　C. 花蕊　　D. 茎

12. 哮喘患者最好避免使用（　　），以免发病。

A. 蒸汽吸入法　　B. 精油按摩　　C. 精油沐浴　　D. 精油涂抹皮肤

13. 芸香科植物精油含有呋喃香豆素，使用后（　　）h 之内不能晒太阳。

A. 0.5　　B. 1　　C. 2　　D. 3

14. 芳香美容所选用的基础油是经过（　　）提炼的。

A. 蒸馏法　　B. 冷压法　　C. 溶剂法　　D. 脂吸法

15. 基础油是用来（　　）的，这样才能以正确的剂量将精油用于按摩或皮肤护理。

A. 稀释精油　　B. 补充营养　　C. 增加能量　　D. 保湿

二、判断题（将判断结果填入括号中，正确的打“√”，错误的打“×”。）

1. 有些精油可溶于酒精、固体油及水中。（　　）

2. 中音精油挥发度适中，具有镇定、安抚的作用。（　　）

3. 从史书中可以得知，现在精油的价格与 2000 年前不分上下，精油最早是拍卖出售的。（　　）

4. 精油价格越昂贵，其品质一定越好。（　　）

5. 合成精油的气味与植物精油相近，所以也有同样的功效。（　　）

6. 好的精油必须在植物成熟后、具有最佳生命动力的时候采集、萃取。（　　）

7. 尤加利精油、茶树精油萃取于植物茎的部分。（　　）

8. 用脂吸法萃取的植物精油价格非常昂贵。（　　）

9. 含醇类和酯类的精油比较温和。（　　）

10. 含醛类、酮类、酚类的精油比较强烈，所以其效果也比较明显。（　　）

11. 洋甘菊精油的挥发度是高音。（　　）

12. 洋甘菊精油适用于干性皮肤、痤疮皮肤和发炎皮肤。（　　）

13. 薰衣草精油在神经方面的功效是安抚情绪、净化心灵、平衡中枢神经。（　　）

14. 薰衣草精油在皮肤方面的功效是促进细胞再生、平衡皮脂分泌。（　　）

15. 孕妇及儿童应避免使用精油。（　　）

16. 癌症病人在某种情况下可以使用精油。（　　）

17. 食用甜杏仁油可以调节内分泌系统的垂体、胸腺和肾上腺功能，促进细胞新陈代谢。（　　）

18. 荷荷巴油可以改善粗糙的发质、防止头发晒伤及帮助软化头发，还可以帮助头

发变黑及预防分叉，是头发用油的最佳选择。 （ ）

测试题参考答案

一、单选题

1. A　2. A　3. B　4. A　5. A　6. A　7. A　8. A　9. C
10. A　11. A　12. A　13. A　14. B　15. A

二、判断题

1. ×　2. √　3. √　4. ×　5. ×　6. √　7. ×　8. √　9. √
10. √　11. ×　12. √　13. √　14. √　15. √　16. ×　17. √　18. √

培训任务 4

芳香美容技术基础

学习单元 1

芳香美容的医学基础理论

一、人体解剖理论概述

1. 心血管系统

心血管系统是人体循环系统之一。心血管系统由心脏、动脉、静脉和毛细血管组成，其中流动着血液。其主要功能是将消化管吸收的营养物质、肺吸入的氧和内分泌腺分泌的激素运到全身各器官、组织和细胞，并将代谢产生的二氧化碳和其他废物运往肺、肾和皮肤排出体外，以保证机体新陈代谢的正常进行。

（1）心血管系统的组成

1）心脏。心脏是血液循环的动力器官，通过节律性收缩，像水泵一样把从静脉吸入的血液不断地推送到动脉。

2）动脉。动脉是运送血液离开心脏的管道，在行程中不断分支，越分越细，最后成为毛细血管。动脉因承受压力较大故管壁较厚，体循环动脉示意如图 4–1 所示。

3）静脉。静脉是引导血液返回心脏的管道，起于毛细血管，在回心脏途中逐渐汇合变粗，最后注入右心房。静脉因承受压力较小故管壁较薄，其管径比动脉大，管壁内有静脉瓣，可防止血液逆流。体循环静脉示意如图 4–2 所示。

4）毛细血管。毛细血管是连接动脉与静脉之间的微血管，分布广泛，几乎遍布全身。毛细血管管壁极薄，是血液与组织细胞进行物质交换的场所。

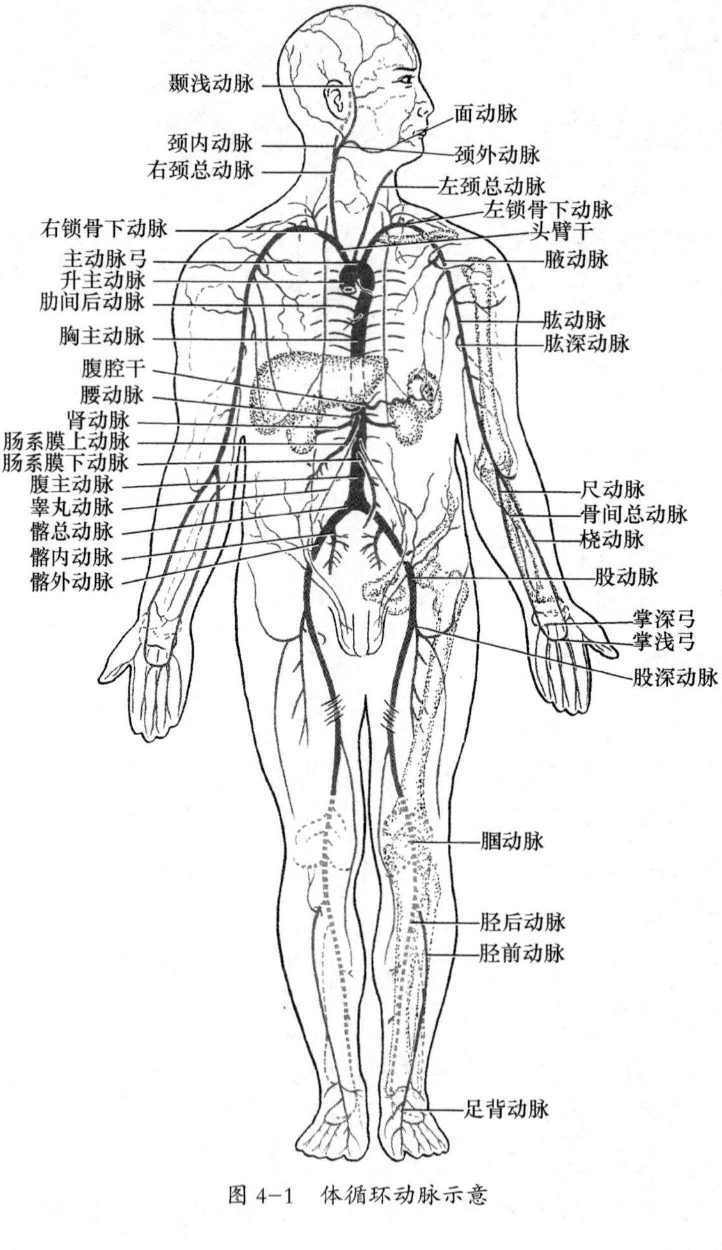
颞浅动脉
面动脉
颈内动脉
颈外动脉
右颈总动脉
左颈总动脉
左锁骨下动脉
右锁骨下动脉
头臂干
主动脉弓
腋动脉
升主动脉
肋间后动脉
肱动脉
肱深动脉
胸主动脉
腹腔干
腰动脉
肾动脉
肠系膜上动脉
肠系膜下动脉
腹主动脉
尺动脉
睾丸动脉
骨间总动脉
髂总动脉
桡动脉
髂内动脉
髂外动脉
股动脉
掌深弓
掌浅弓
股深动脉
腘动脉
胫后动脉
胫前动脉
足背动脉

图 4-1　体循环动脉示意

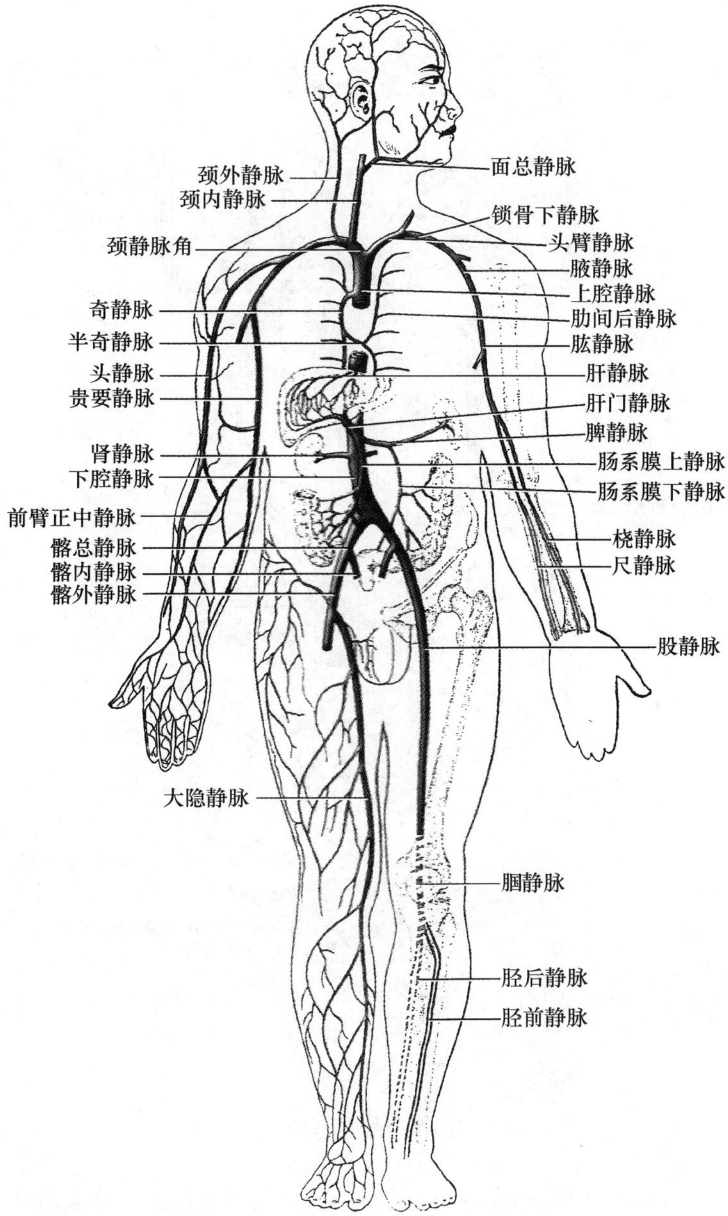
颈外静脉
颈内静脉
颈静脉角
奇静脉
半奇静脉
头静脉
贵要静脉
肾静脉
下腔静脉
前臂正中静脉
髂总静脉
髂内静脉
髂外静脉
大隐静脉
面总静脉
锁骨下静脉
头臂静脉
腋静脉
上腔静脉
肋间后静脉
肱静脉
肝静脉
肝门静脉
脾静脉
肠系膜上静脉
肠系膜下静脉
桡静脉
尺静脉
股静脉
腘静脉
胫后静脉
胫前静脉

图 4-2　体循环静脉示意

（2）血液循环的路径。血液由心脏搏动而射出，经动脉、毛细血管和静脉再返回心脏，周而复始，形成血液循环。人体血液循环可分为体循环和肺循环，两个循环是同时进行的，如图 4–3 所示。

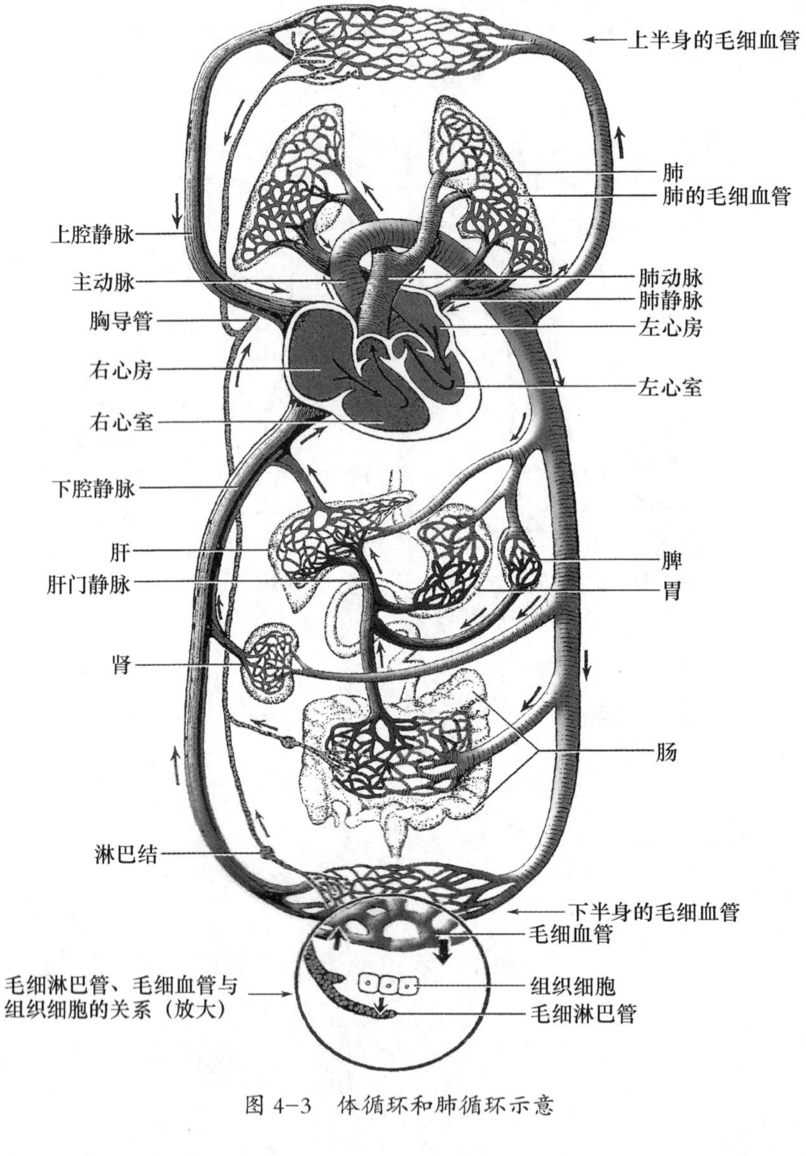

图 4–3　体循环和肺循环示意

1）体循环。体循环又称大循环。左心室收缩时，由左心室射出的动脉血注入主动脉，经各级动脉分支到达全身毛细血管，毛细血管与周围的组织细胞进行物质交换，把动脉血带来的营养物质和氧输送给组织细胞，同时带走其新陈代谢产生的二氧化碳和其他废物，这时鲜红的动脉血变成暗红的静脉血。静脉血再经小静脉、中静脉，最后经上腔静脉、下腔静脉返回右心房。体循环的特点是路径长、流经范围广、以动脉血滋养全身各部位器官。

2）肺循环。肺循环又称小循环。由右心室射出的静脉血注入肺动脉，经肺动脉各级分支到达肺泡周围的毛细血管网，在此进行气体交换，使静脉血重新变成含氧丰富的动脉血，然后动脉血经肺静脉各级属支再经肺静脉返回左心房。肺循环的特点是路径短、只流向肺，主要功能是完成气体交换。

（3）血液的组成。血液是在血管中流动的液体，可分为动脉血和静脉血。动脉血呈鲜红色，含氧量高；而静脉血呈暗红色，含二氧化碳量高。血液由红细胞、白细胞、血小板和血浆组成。

1）红细胞。红细胞呈双凹圆盘状，边缘较厚，中央较薄，平均寿命为 120 天。红细胞内的血红蛋白在机体的代谢过程中起重要作用，它从肺部带氧到全身的组织细胞，同时运输组织细胞所排出的二氧化碳到肺。红细胞计数和血红蛋白低于正常值时则为贫血。

2）白细胞。白细胞包括多形核粒细胞（中性粒细胞、嗜酸性粒细胞、嗜碱性粒细胞）、淋巴细胞和单核细胞。其中，中性粒细胞具有防御作用，能吞噬细菌、异物等。

3）血小板。血小板是骨髓巨核细胞脱落的胞质小块。当血管破损时，血小板顺血液流到破损处，发挥止血和凝血作用。

4）血浆。血浆是淡黄色、半透明的黏稠状液体，内含清蛋白、纤维蛋白原、酶、激素、糖、无机盐、代谢产物等。其主要作用是产生免疫抗体、调节血液的酸碱度和渗透压以及参与凝血等。

血液循环对维持机体内环境理化特性的相对稳定以及机体防卫功能等均有重要作用。在芳香美容领域中，如果要使精油发挥其特有的功效，正常的血液循环是必备条件，因为精油需要借助血液循环运送到全身。在改善心血管系统功能的芳香美容项目中，一般采用热敷心脏部位、脊椎精油按摩或精油沐浴等方法，采用的精油一般以平衡血压、平衡体温、促进血液循环的阳性精油为主，如肉桂、杜松、快乐鼠尾草、薰衣草、玫瑰、天竺葵、百里香、安息香等精油。某些精油还具有刺激白细胞产生的作用，如洋甘菊、佛手柑、柠檬、百里香、檀香木、岩兰草等精油，但这些精油能否起效及效果是否显著取决于人的体质和健康状况。

2. 淋巴系统

淋巴系统是人体循环系统之二。淋巴系统由淋巴管道、淋巴器官和淋巴组织组成（见图 4–4）。淋巴管道内流动的液体称为淋巴液。淋巴管道由毛细淋巴管、淋巴管、淋巴干和淋巴导管组成。淋巴器官包括淋巴结、脾、胸腺和扁桃体，其主要功能是产

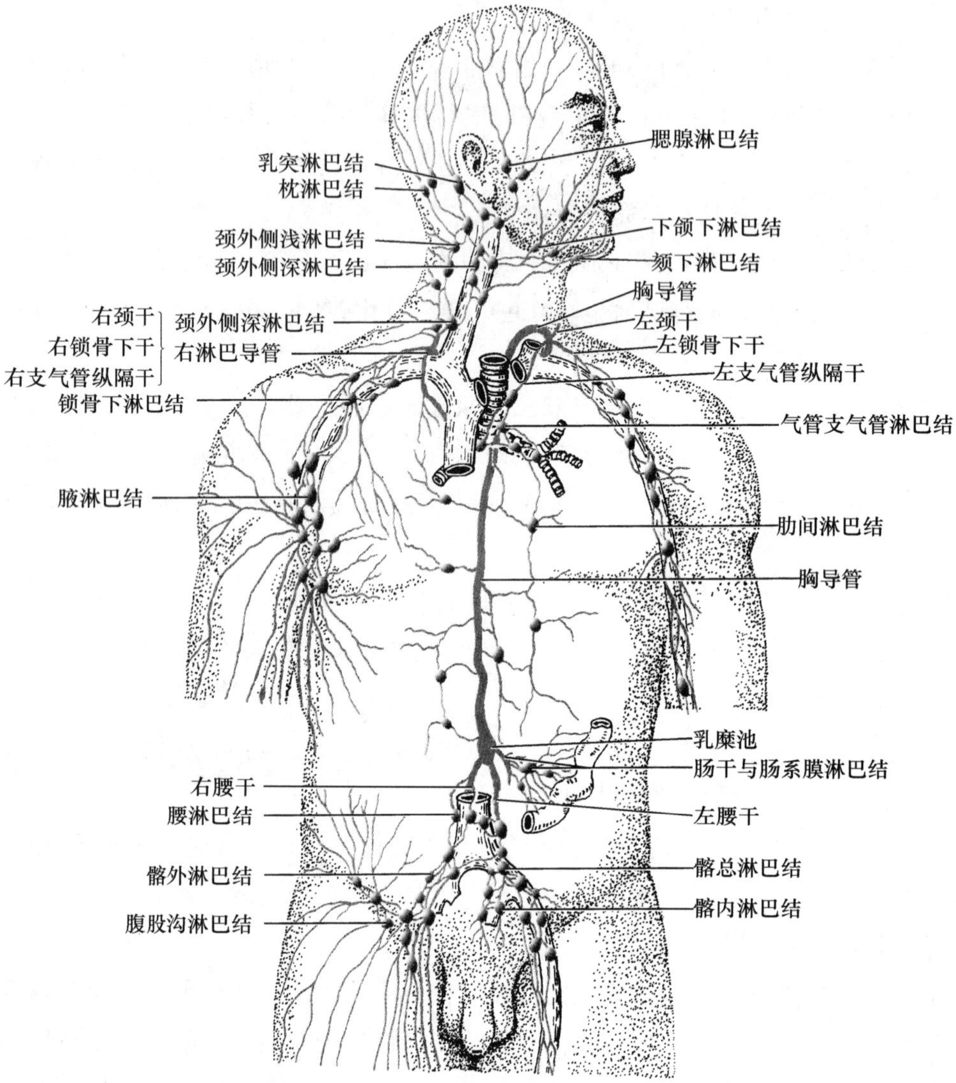

图 4-4　淋巴系统示意

生免疫细胞。淋巴组织是含有大量淋巴细胞的网状结缔组织，主要分布于消化管和呼吸道的黏膜下。淋巴液沿淋巴管道向心脏流动，最后流入静脉。因此，淋巴系统是心血管系统的辅助系统，协助静脉引流组织液。

（1）淋巴液。淋巴液的成分与血浆相似，是血浆成分渗入细胞间隙形成组织液后再渗入毛细淋巴管中形成的。淋巴液能调节物质交换，如某些分子量较大的物质不能被血管吸收但能渗入毛细淋巴管进入淋巴液中，如脂肪酸、脂肪微粒、脂溶性维生素等，这些物质经淋巴循环进入血液，被输送到体内各器官、组织。

（2）淋巴管。淋巴管由毛细淋巴管汇合而成，其管壁内有丰富的瓣膜，可以保证淋巴液向心脏流动。当淋巴管被切断或肿瘤、寄生虫等引起淋巴管阻塞时，可重新建立淋巴侧支循环，恢复淋巴回流功能，但也为癌细胞扩散和寄生虫移动创造了条件。

（3）淋巴结。淋巴结为圆形或椭圆形小体，能对淋巴液进行过滤，能产生淋巴细胞并释放入淋巴液中。当某器官或某部位发生病变时，毒素、细菌、寄生虫等可沿淋巴管到达相应的局部淋巴结，该局部淋巴结有阻截、消灭它们的能力，对机体起保护作用。

（4）脾。脾是人体最大的淋巴器官，具有储血、造血、清除衰老红细胞、产生淋巴细胞和进行免疫应答的功能。

淋巴循环不良的人，尤其是踝部、臀部、大腿等部位出现蜂窝织炎时，产生的有毒物质会引起淋巴回流障碍。芳香美容中的淋巴按摩可以有效地加强淋巴系统的排毒功能，用天竺葵、杜松、迷迭香等精油进行按摩效果显著。用经过调配的黑胡椒精油和广藿香精油从肢体末端逐渐向锁骨方向按摩，可促进淋巴液流入血液，从而改善身体的不适感。

3. 消化系统

消化系统由消化管和消化腺两部分组成，如图 4–5 所示。

（1）消化管。消化管是从口腔至肛门的迂曲管道，长约 9 m，包括口腔、咽、食管、胃、小肠、大肠等。口腔内有牙齿和舌，还有 3 对唾液腺（即腮腺、舌下腺和下颌下腺）。咽是空气和食物的共同通道。食管上接咽，下连胃。胃位于左上腹部，是消化管中最膨大的部分，有收纳食物和分泌胃液的作用。小肠是消化管中最长的一段，也是消化、吸收食物最重要的场所，全长 5 ~ 7 m，可分为十二指肠、空肠和回肠。大肠全长约 1.5 m，略呈方框形，围绕在空肠、回肠周围，可分为盲肠（包括阑尾）、结肠和直肠（包括肛管）。

（2）消化腺。消化腺是分泌消化液的腺体，包括大消化腺和小消化腺两种。大消化腺是肉眼可见、独立存在的器官，如 3 对唾液腺、肝、胰腺等。小消化腺是散布于整个消化管壁内的无数小腺体，如唇腺、颊腺、食管腺、胃腺、肠腺等。

消化系统的主要功能是摄取食物、消化食物，吸收其中的营养物质，将其作为机体活动的能量来源和生长发育的原料，排出未被吸收的残渣部分。此外，口腔、咽还与呼吸、发音等活动有关。数千年来，人们在烹饪食物过程中经常加入迷迭香、茴香、欧薄荷、豆蔻等芳香物质，以增进食欲。丁香、薰衣草等精油均具有刺激唾液分泌的功能，肉桂、茴香、墨角兰、迷迭香等精油有改善便秘及肠道功能的作用。在改善消化系统功能的芳香美容项目中，一般采用熏香、腰背部精油按摩、胃部腹部热敷或精油按摩、浸浴等方法。

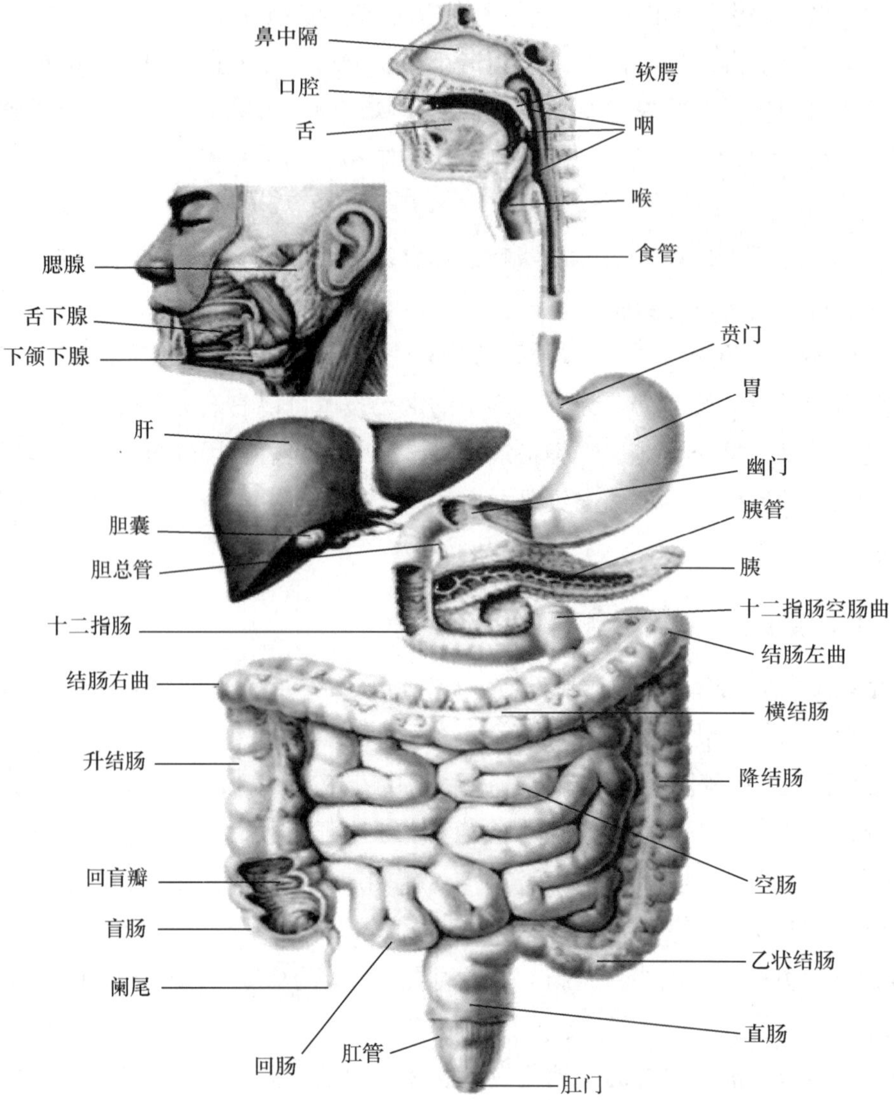

图 4–5　消化系统示意

4. 呼吸系统

呼吸系统由呼吸道和肺组成，如图 4–6 所示。

呼吸道包括鼻、咽、喉、气管和支气管。肺由肺泡和肺内各级支气管组成。临床上常把鼻、咽、喉称为上呼吸道，把气管、支气管及其各级分支称为下呼吸道。

呼吸系统的主要功能是进行机体与外界环境之间的气体交换，即吸入氧气、排出二氧化碳。另外，还有发音的功能。医学上已经证明，尤加利精油对缓解流行性感冒症状效果明显，佛手柑、黑胡椒、快乐鼠尾草、欧薄荷、百里香、茶树、薰衣草、柠檬等精油可以改善呼吸系统疾病症状。在改善呼吸系统功能的芳香美容项目中，一般

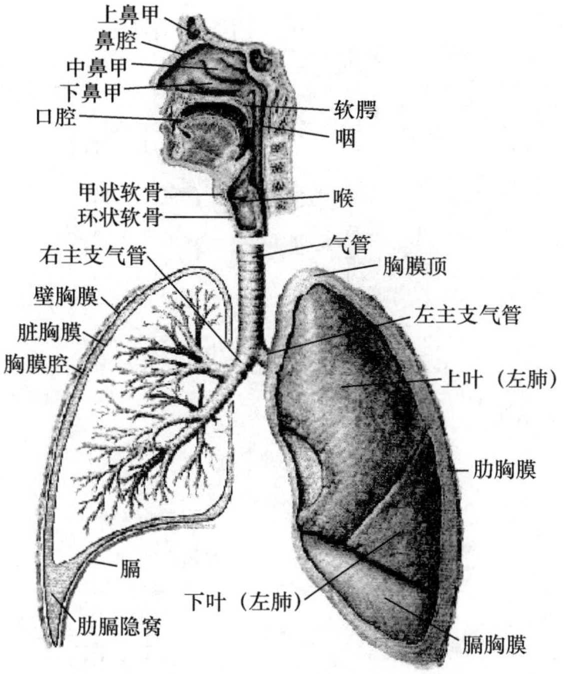

图 4–6　呼吸系统示意

采用蒸汽吸入、热敷、精油按摩等方法。

5. 泌尿系统

泌尿系统由肾、输尿管、膀胱和尿道组成，如图 4–7 所示，图中还有肾结石、输尿管结石和膀胱结石的示意。

肾位于腹后壁脊椎两侧，左右各一，是形成尿液的器官。输尿管是一对细长的输送尿液的管道，上端与肾盂相通，下端开口于膀胱底。膀胱位于盆腔内，有暂时储存尿液的作用。尿道是尿液由膀胱排出体外的通道。

泌尿系统的主要功能是排出机体中溶于水的代谢产物。机体在代谢过程中所产生的废物通过血液循环到达肾，经肾产生尿液，然后尿液经输尿管输送到膀胱暂时储存。排尿时，膀胱收缩，尿液经尿道排出体外。檀香木、杜松、百里香、佛手柑、尤加利、茶树等精油能杀灭尿道中的细菌，其中檀香木精油能改善肾衰的尿血状况，杜松精油还可提高肾小球的过滤功能及增加钾、钠的含量；洋甘菊精油和天竺葵精油有溶解尿路结石的功效。在改善泌尿系统功能的芳香美容项目中，一般采用精油臀浴、腰椎及尾椎精油按摩、局部湿敷等方法。例如，用洋甘菊精油、杜松精油热敷下腹部可以促进排尿以及减轻前列腺不适，热敷下背部（尤其是肾区）可改善泌尿系统不适。

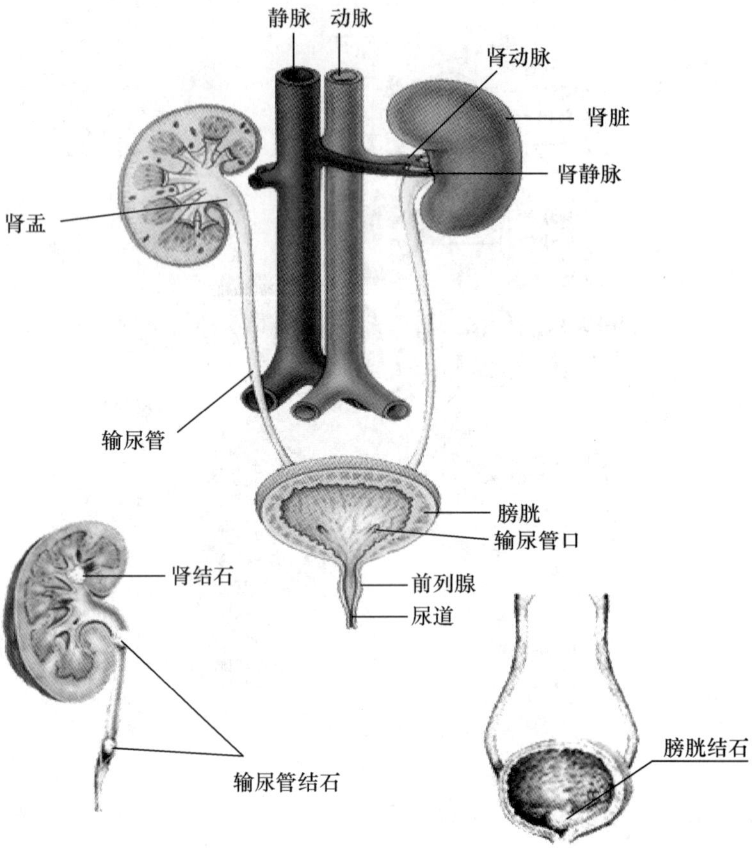

图 4-7 泌尿系统及结石示意

6. 生殖系统

生殖系统可分为男性生殖系统和女性生殖系统，如图 4-8 所示，它们都包括内生殖器和外生殖器两部分。

男性的生殖腺是睾丸，是产生精子和分泌男性激素的器官；生殖管道包括附睾、输精管、射精管和尿道；附属腺包括精囊、前列腺和尿道球腺。

女性的生殖腺是卵巢，是产生卵子和分泌女性激素的器官；生殖管道包括输卵管、子宫和阴道；附属腺为前庭大腺。女性外生殖器即外阴，包括阴阜、大阴唇、小阴唇、阴道前庭、阴蒂和前庭球。

生殖系统的主要功能是产生生殖细胞以繁殖后代、延续种族，分泌性激素以维持性征。佛手柑精油和檀香木精油有杀菌的功效，能改善淋病症状。茉莉精油和杜松精油有刺激子宫收缩的作用，对快速分娩和无痛分娩很有帮助，这两种精油具有较好的安全性，可用精油热敷下腹部或进行下背部按摩。茉莉精油和依兰精油的气味有激发性欲、改善性功能的作用，能辅助调理性欲低下、性冷淡等问题。在改善泌尿系统功

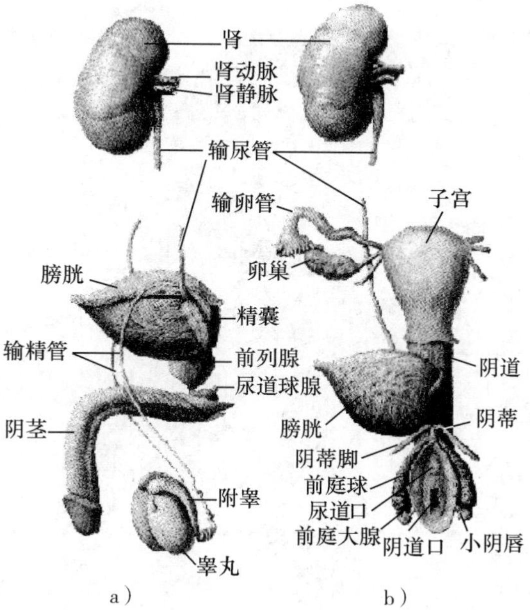

图 4–8　生殖系统示意

a）男性　b）女性

能的芳香美容项目中，一般采用精油按摩、精油臀浴或阴道灌洗等方法。

7. 内分泌系统

人体的腺体有两类：一类是有导管的腺体，如唾液腺、汗腺、皮脂腺等，其分泌物都通过导管排出，这类腺体称为外分泌腺；另一类是没有导管的腺体，其分泌物为激素，直接进入血液或淋巴液，然后运送到全身各处，这类腺体称为内分泌腺。内分泌系统包括内分泌腺和内分泌组织，如图 4–9 所示。内分泌腺是指形态结构独立存在、肉眼可见的腺体，包括甲状腺、甲状旁腺、肾上腺、垂体、胸腺和松果体。内分泌组织是指分散于其他器官内的内分泌细胞团块，如胰腺内的胰岛、睾丸内的间质细胞、卵巢内的卵泡和黄体，以及胃肠道等各处有内分泌功能的细胞组织。

内分泌腺所分泌的激素对机体的新陈代谢、生长发育和维持机体内环境起着重要的调节作用。精油运用在内分泌系统调理时，其作用有两个方面：首先，精油能刺激体内的内分泌腺和内分泌组织，促进性激素的分泌，并使激素分泌正常，如罗勒、天竺葵、快乐鼠尾草等精油具有促进肾上腺皮质分泌激素的作用；其次，许多精油中含有植物激素，可帮助人体维持激素水平。

8. 神经系统

按位置和功能不同，神经系统分为中枢神经系统和周围神经系统两部分。中枢神

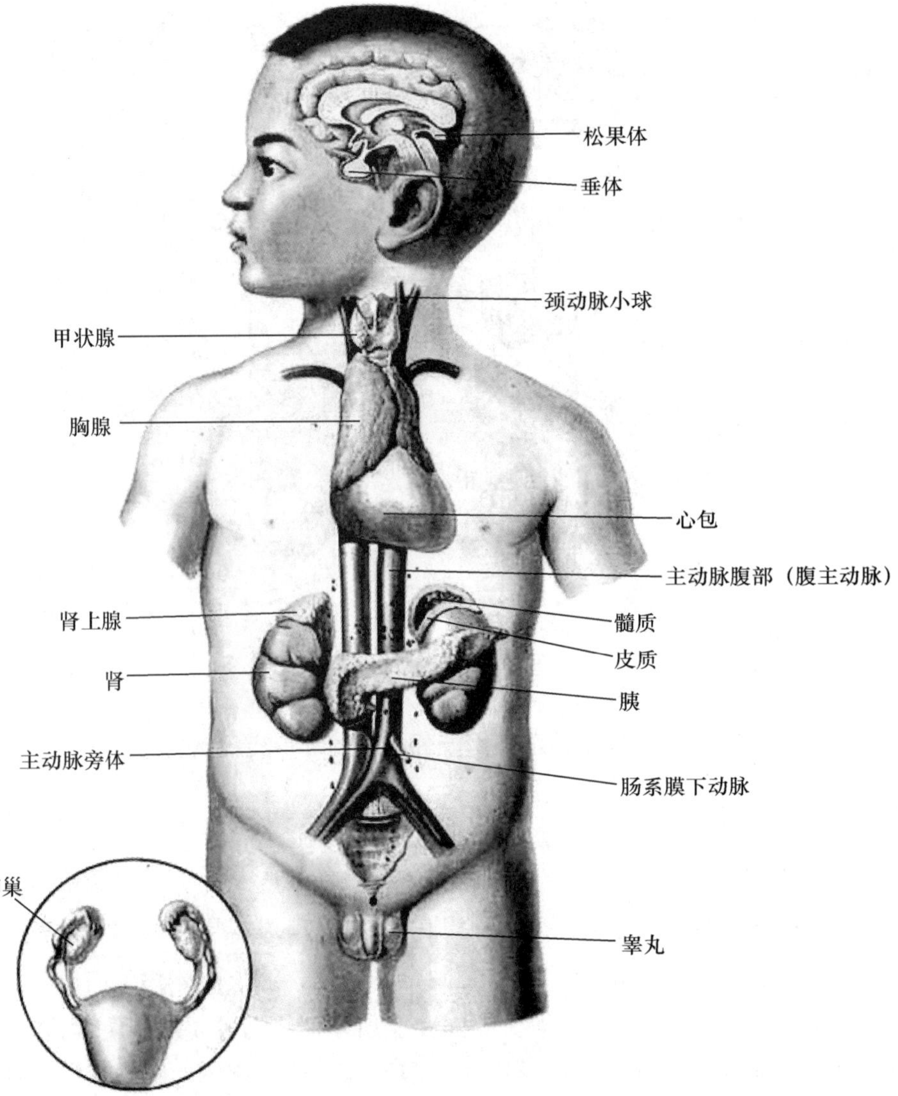

图 4–9　内分泌系统示意

经系统包括脑和脊髓，周围神经系统包括脑神经、脊神经和自主神经，其中自主神经包括交感神经和副交感神经。神经系统示意如图 4–10 所示。

（1）脑。脑位于颅腔内，可分为大脑、间脑、小脑、中脑（包括四叠体、大脑脚等）、脑桥和延髓六部分。通常将中脑、脑桥和延髓合称为脑干。

（2）脊髓。脊髓位于椎管内，呈前后稍扁的长圆柱状，上接延髓，下端（成人）平对第一腰椎体下缘，全长可分为 31 个脊髓节段。

（3）脑神经。脑神经共 12 对，分别为嗅神经、视神经、动眼神经、滑车神经、三叉神经、展神经、面神经、前庭蜗神经、舌咽神经、迷走神经、副神经和舌下神经。

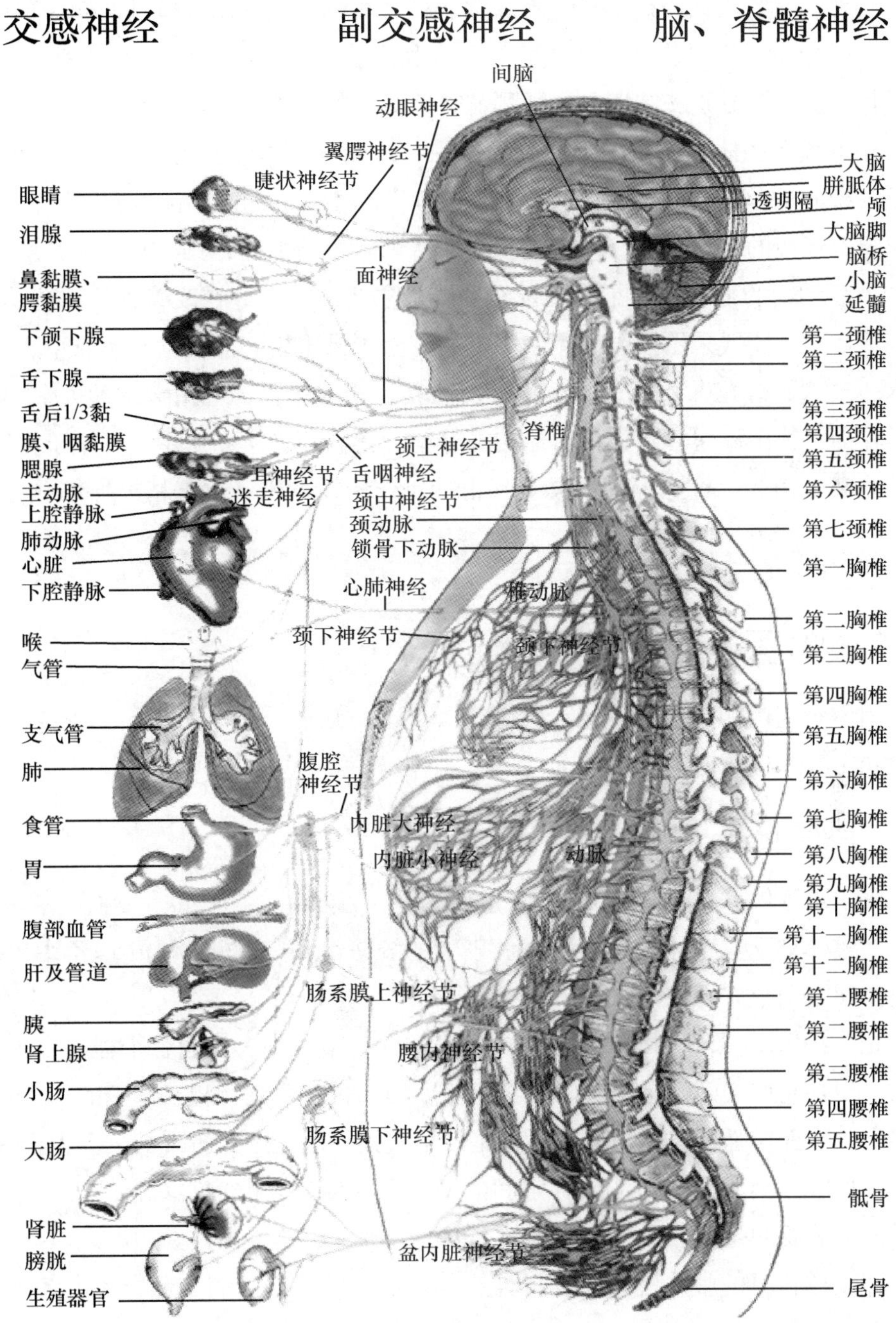
交感神经
副交感神经
脑、脊髓神经
间脑
动眼神经
翼腭神经节
睫状神经节
眼睛
泪腺
鼻黏膜、
腭黏膜
面神经
下颌下腺
舌下腺
舌后1/3黏
膜、咽黏膜
腮腺
耳神经节
迷走神经
舌咽神经
颈上神经节
脊椎
主动脉
上腔静脉
肺动脉
心脏
下腔静脉
颈中神经节
颈动脉
锁骨下动脉
心肺神经
颈下神经节
椎动脉
颈下神经节
喉
气管
支气管
肺
食管
胃
腹腔
神经节
内脏大神经
内脏小神经
动脉
腹部血管
肝及管道
胰
肾上腺
肠系膜上神经节
腰内神经节
小肠
大肠
肠系膜下神经节
肾脏
膀胱
盆内脏神经节
生殖器官
大脑
胼胝体
透明隔
颅
大脑脚
脑桥
小脑
延髓
第一颈椎
第二颈椎
第三颈椎
第四颈椎
第五颈椎
第六颈椎
第七颈椎
第一胸椎
第二胸椎
第三胸椎
第四胸椎
第五胸椎
第六胸椎
第七胸椎
第八胸椎
第九胸椎
第十胸椎
第十一胸椎
第十二胸椎
第一腰椎
第二腰椎
第三腰椎
第四腰椎
第五腰椎
骶骨
尾骨

图 4-10　神经系统示意

（4）脊神经。脊神经共 31 对，包括颈神经 8 对、胸神经 12 对、腰神经 5 对、骶神经 5 对、尾神经 1 对。脊神经出椎间孔后立即分为前支和后支。后支一般较相应的前支细而短，呈节段性分布于枕、项、背、腰、臀部的皮肤以及脊柱两侧深部肌肉中。前支粗大，分布于躯干前外侧和四肢的肌肉和皮肤中，除胸神经前支保持明显的节段性外，其余的前支分别交织成丛，即颈丛、臂丛、腰丛和骶丛。

神经系统在人体生命活动中起主导作用，既能调节体内各器官之间的生理活动使机体成为统一的整体，又能调节机体功能使其与不断变化的外界环境相适应，从而保证机体内外环境的相对平衡。人脑能主动地认识和改造世界，具有高级语言思维能力，超脱了一般动物的范畴，这是人类神经系统最主要的特点。在改善神经系统功能的芳香美容项目中，一般采用按摩、刺激嗅觉等方法。佛手柑、洋甘菊、薰衣草、迷迭香、檀香木、玫瑰、橙花、茉莉、墨角兰等精油具有安神作用，可用于调理失眠和神经过敏；洋甘菊、快乐鼠尾草、杜松、迷迭香等精油具有镇静止痛作用，可用于缓解疼痛；茴香、豆蔻、肉桂、柠檬等精油具有兴奋神经作用，可用于改善精神抑郁、身体疲倦等状况。

二、中医学基础理论概述

中国传统医学源远流长、博大精深，芳香美容从业人员应对中医学理论体系的主要特点和主要学说有所了解。

1. 主要特点

中医学理论体系的主要特点有以下两点。

（1）整体观念。整体观念就是强调事物的统一性和完整性。在中医学中，整体观念主要体现在两个方面。

首先，中医学强调人体本身是一个有机结合的整体，人体内各个器官、组织虽是独立的，但是它们之间又是相互联系、相互影响、相互协调、相互作用的。

其次，中医学强调人体与周围环境是一个整体，就是古人所说的“天人合一”。因为人类不可能脱离它所依附的生存空间的制约和给养，人类确实对自然界产生了巨大影响，但更重要的是自然界时时刻刻都在回馈人类，自然界是人类的母亲。

这种人体自身的整体性以及人与自然内外环境的统一互动性形成了中医学独有的整体观念。

（2）辨证论治。辨证论治既是中医学认识疾病和治疗疾病的主要特点，又是中医学对待疾病的一种特殊的研究和处理方法。“证”是中医学对疾病发展到一定阶段的病理概括，包括疾病的部位（如脏腑、经络、气血、表里等）、原因（外感六淫、内伤七情、痰饮瘀血等）、性质（寒热、阴阳等）以及致病因素与人体正气相抗争的形势分析。由此可见，辨证之“证”比症状之“症”更能全面、深刻、正确地揭示疾病的本质。辨证就是将四诊（望、闻、问、切）得到的症状和体征加以分析、综合，辨清疾病的部位、原因、性质、邪正之间的关系，通过概括判断为某种性质的证。论治又称施治，它是指根据辨证的结果确定相应的治则治法。辨证是决定治疗的前提和依据，论治是治疗疾病的手段和方法。

2. 主要学说

（1）阴阳学说。阴阳是中国古代哲学对自然界相互关联的事物和现象对立双方属性的概括，它有对立、统一两方面的含义。阴和阳，既可代表相互对立的两个事物，又可用来分析一个事物内部所存在的相互对立的两个方面。一般来说，活动的、外在的、上升的、温热的、明亮的、机能亢进的事物都属于阳；沉静的、内在的、下降的、寒冷的、灰暗的、机能衰退的事物都属于阴。例如，天为阳、地为阴，昼为阳、夜为阴，男为阳、女为阴，上部为阳、下部为阴，背部为阳、腹部为阴，六腑为阳、五脏为阴。由此可知，天地间任何事物都可以分为阴阳两类。阴阳太极图如图 4–11 所示。

图 4–11　阴阳太极图

阴阳学说的基本内容如下。

1）对立制约。阴阳学说认为自然界一切事物或现象都存在相互对立的阴阳两方面。例如，兴奋为阳、抑制为阴，运动为阳、静止为阴，分化为阳、合成为阴等。人体之所以能进行正常的生命活动，就是人体的阴与阳相互对立、相互制约的结果。若这种动态平衡遭到破坏，就会发生疾病，如阴虚则阳亢，阳虚则阴盛。

2）互根互用。阴阳双方既是相互对立的又是相互依存的，任何一方都不能脱离另一方而单独存在。如果由于某些原因，阴和阳之间这种互根互用关系遭到了破坏，就会导致“阴损及阳，阳损及阴”“孤阴不生，独阳不长”等病理状态。

3）消长平衡。消长平衡是指阴和阳之间的平衡不是静止和绝对的，而是在一定限度、一定时空内的“阴消阳长”“阳消阴长”之中维持相对的平衡。所以说，消长是绝对的、平衡是相对的，只有不断地消长和不断地平衡，才能维持机体的正常生命活动。

4）相互转化。相互转化是指阴可以转化为阳，阳也可以转化为阴。阴阳相互转化一般都表现在事物变化的“物极”阶段，即“物极必反”。例如，中医临床上可出现“热极生寒，寒极生热”的病理状态。

综上所述，阴和阳是事物的相对属性，因而存在无限可分性；对立制约、互根互用、消长平衡和相互转化说明阴和阳之间的相互关系不是孤立、静止不变的，它们之间是相互联系、相互影响的。

（2）五行学说。五行是指木、火、土、金、水五种基本物质的运动。五行学说认为世界上的一切事物都是由木、火、土、金、水五种基本物质之间的运动变化而生成的，同时还以五行之间的生克关系来阐释事物之间的相互联系，认为任何事物都不是孤立、静止的，而是在相生相克的运动之中维持协调平衡。

1）五行的特性。木曰曲直，引申为具有生长、生发、条达、舒畅作用的事物特性；火曰炎上，引申为具有温热、升腾作用的事物特性；土爰稼穑，引申为具有生化、承载、受纳作用的事物特性；金曰从革，引申为具有肃杀、收敛、变革等作用的事物特性；水曰润下，引申为具有寒凉、滋润、下行、闭藏作用的事物特性。

2）事物的五行属性推演和归类。自然界五行属性见表 4–1，人体五行属性见表 4–2。

表 4–1 **自然界五行属性**

五行	五味	五色	五化	五气	五方	五季
木	酸	青	生	风	东	春
火	苦	赤	长	暑	南	夏
土	甘	黄	化	湿	中	长夏
金	辛	白	收	燥	西	秋
水	咸	黑	藏	寒	北	冬

表 4-2　人体五行属性

五行	五脏	五腑	五官	五体	五情	五液
木	肝	胆	目	筋	怒	泪
火	心	小肠	舌	脉	喜	汗
土	脾	胃	口	肉	思	涎
金	肺	大肠	鼻	皮毛	悲	涕
水	肾	膀胱	耳	骨	恐	唾

3）五行的生、克、乘、侮

①相生。相生是指这一事物对另一事物具有促进、助长和滋生的作用。五行相生的次序为：木生火、火生土、土生金、金生水、水生木。

②相克。相克是指这一事物对另一事物的生长和功能具有抑制和制约的作用。五行相克的次序为：木克土、土克水、水克火、火克金、金克木。

相生和相克均用于说明事物正常的发生、发展及变化，中医学也用其阐述人体正常的生命活动。

③相乘。乘是以强凌弱的意思。相乘是指五行中的某“一行”过于强盛造成其相克的“一行”被过于克制而虚弱。例如，木旺乘土，中医临床都用于阐述肝气郁滞，或肝火偏旺容易损伤脾胃的病理状态。

④相侮。侮指“反侮”。相侮是指由于五行中的某“一行”过于强盛，对原本克其的“一行”进行“反侮”。例如，木旺侮金（本因金克木，但因木旺而“反侮”金），也就是肝火犯肺的意思。

（3）气血学说

1）精。精是一切生命最基本的物质。有精，则有生命基础。通过生命活动，精得以充实，并促使人生长发育、繁衍后代。肾主藏精，五脏六腑的精都藏于肾。精来源于气，也可以化为气。

2）气。中医学理论认为，气是一种不断运动着的具有很强活力、维持人体生命活动的基本物质，它来源于秉受父母的先天之精气和自然界的后天之精气（饮食中的营养物质及吸入的精气），经过肺、脾、肾等脏器的运化结合而成。

①气的作用

a. 推动作用。人体脏腑、器官、经络的各种生理功能均需要依靠气的推动。若气虚，上述生理功能势必减退。

b. 气化作用。气化是指通过气的运动而产生的各种变化，即精、气、血、津液各自的新陈代谢及其相互转化。若气虚或气滞，多会影响机体的新陈代谢。

c. 温煦作用。气能提供人体所需的能量与热量。若气虚，温煦作用减弱，就会导致人畏寒肢冷，中医学习惯称之为阳气虚。

d. 防御作用。气能护卫全身肌表，抵御外邪的入侵。若气虚，则影响机体免疫功能，就会出现容易生病且病后不易康复的现象。

e. 固摄作用。气可防止血、津液等液态物质的无故流失。若气虚，则人易出现自汗、多尿、滑精及多种出血倾向。

②气的分类。由于人体之气所在部位、发挥作用等的不同，尚有多种不同称谓的气。

a. 元气。人之元气受之于父母、藏于肾脏，且不断从脾胃运化而来的水谷精气中得到补充，以供全身。元气为人体的原动力，后天水谷精气的补充使之生生不息，从而不断推动五脏各司其职。人体健康的根本就是保证元气充实，不要轻泄元气，更不能伤及元气，否则，必然有损于健康长寿。

b. 宗气。宗气聚于胸中，由肺吸入的清气与脾胃运化而来的水谷精气相合而成。宗气的作用主要在于鼓动和激发心肺功能，并助发音。若宗气虚，则多见心肺功能减弱及语声低微。

c. 营气与卫气。营气又称荣气，为水谷精微化生的精气之一，具有营养周身、化生血液、促进血液运行的作用。因此，营气虚往往与血虚并存，中医临床称之为营血亏虚。生成卫气的根源在肾，卫气敷布周身，发挥其护卫人体、温养皮肤、调控汗液分泌的作用。若卫气虚，则容易感冒、自汗、畏寒。

3）血。血是构成人体和维持人体生命活动的基本物质之一，并为人体提供营养。中医学理论认为：就形态而言，气无形，血有形；就属性而言，气属阳，血属阴。血是由气和津液在中焦变化而成的，血为人体生理活动尤其精神情志活动提供营养。血在脉中运行，内至脏腑，外达皮肉筋骨，不断对全身各脏腑组织器官起着营养和滋润作用，以维护人体正常的生理活动。

4）津液。血液之外的体液称为津液。清稀则为津，主要起滋润作用；稠浊则为液，主要起濡养作用。津液生成与输布要经过胃的受纳、脾的运化、肺的宣降、肾和膀胱的气化。津液散布于全身，以养五脏六腑、四肢百骸，其中的废物则变成尿液由膀胱排出，或变成汗液由腠理发散。

（4）脏腑学说。脏腑是内脏的总称，包括五脏、六腑与奇恒之腑三类。五脏是心、肺、脾、肝、肾；六腑是胆、胃、小肠、大肠、膀胱、三焦；奇恒之腑是脑、髓、骨、脉、胆、胞宫。五脏六腑是人体最主要的器官，它们是有机的整体，其生理活动以精、气、血、津液为物质基础。上述物质在脏腑活动过程中被不断消耗，同时又不断滋生，以维持机体正常的生命活动。

1）五脏的功能。五脏的功能主要是化生和储藏精气。

①心的主要功能

a. 心主血脉。心主管血在脉管的循环运行，向各个组织器官输送养料，以维持其正常的生理功能。

b. 心主神志。人的精神、意识及思维活动是大脑的一部分功能，在脏腑理论中将其归属于心的生理功能。

心的生理联系有：在志为喜，在液为汗，在体合脉，其华在面，开窍于舌。

②肺的主要功能

a. 肺主气，司呼吸。肺主人体之气，一方面维持肺的呼吸功能以吐故纳新；另一方面通过肺气的升降出入以调畅全身气机。

b. 肺主宣发、肃降，通调水道。肺在水液代谢中起主要作用，一方面通过肺气的宣发使津液散布于皮肤而代谢为汗液，另一方面通过肺气的肃降使津液下输至肾与膀胱而气化为尿液。

肺的生理联系有：在志为忧，在液为涕，在体合皮，其华在毛，开窍于鼻。

③脾的主要功能

a. 脾主运化、升清。脾将胃受纳的食物运化为精微物质，并将其转运、输布至全身，尤其通过脾气的升清作用将其运至心肺、头目。脾的运化功能还包括运化水液，调节水液代谢。

b. 脾统血。脾有统摄血液的功能，使血液在脉管中正常运行。脾气旺盛，脉管致密，就能控制血液按照脉道正常运行，使其不致流溢脉外。

脾的生理联系有：在志为思，在液为涎，在体合肉，其华在唇，开窍于口。

④肝的主要功能

a. 肝主藏血。肝有储藏血液、调节血量的作用。人体在运动时，肝将其储藏的血液供应至全身，对机体和大脑发挥其营养作用。肝藏血失常，就容易出现肝血不足、肝不藏血的病理状态。

b. 肝主疏泄。疏泄是疏通宣泄的意思。肝对全身气机有疏通宣泄作用，进而能促进胆汁分泌，有助于提升脾胃的运化功能，调节机体精神情志，推动全身气血运行，并配合肾激发、调节男女性功能。

肝的生理联系有：在志为怒，在液为泪，在体合筋，其华在爪，开窍于目。

⑤肾的主要功能

a. 肾主生殖。肾中精气有主宰人体生长发育以及生殖机能的作用。肾中精气秉受于父母的先天精气，并受后天脾胃运化而来的水谷精气的不断补充。

b. 肾主水液。机体水液代谢的调节主要依靠肾的气化作用。机体水液代谢是一个复杂过程，其中胃的受纳、脾的运化、肺的宣降、三焦的疏通、小肠主液、大肠主津、膀胱开合等均有赖于肾气、肾阳的蒸腾气化，而尿液的分泌量、排泄量更取决于肾的气化功能。

肾的生理联系有：在志为恐，在液为唾，在体合骨，其华在发，开窍于耳及二阴。

2）六腑的功能。六腑的功能主要是受盛和传化水谷。

①胆。胆为六腑之一，又属奇恒之腑，其主要生理功能如下。

a. 胆储藏和排泄胆汁。胆汁，古医籍又称之为“精汁”。胆汁具有帮助消化的作用。

b. 胆主决断。中医学理论认为，胆有判断事物与参与决策的功能。

②胃。胃为水谷之海，其主要功能为：主受纳，腐熟水谷；主通降，以降为和。胃受纳食物后进行初步消化，使之成为食糜状态，在脾的运化作用的推动下，下传至小肠进一步消化吸收。可见胃的功能特点是以降为顺，如不降则上逆，则会产生呕吐、恶心、胀气等症状。

③小肠。小肠主受盛化物，泌别清浊。小肠接受经胃腐熟的食物并将其进一步消化，吸收其精华，然后将精华通过脾转输至全身各个部位，同时将糟粕下注到大肠或膀胱，经由大小便排出。

④大肠。大肠主传化糟粕，吸收水分。大肠接受小肠下注的食物残渣，吸收其中剩余的水分，使之变化为粪便而排出。如果大肠传化糟粕的功能失常就会出现便秘或腹泻。

⑤膀胱。膀胱主储存和排泄尿液。尿液是人体水液代谢的产物，储存在膀胱中，积累到一定量后排出体外。如果气化功能失调，就会导致小便不利、尿闭或尿频等症状。

⑥三焦。三焦主持诸气，总司全身的气机、气化。三焦是人体之气的升降通道，也是机体气化运动的场所，同时又是水液运行之道。

3）奇恒之腑的功能。奇恒之腑是一个相对密闭的组织器官，异于六腑，不与水谷接触，但有类似于五脏储藏精气的作用。其中脑的功能在中医学理论中多归属于心。髓有骨髓、脊髓、脑髓之分，肾藏精，精生髓，故髓的生理病理多归属于肾。骨是指骨骼，肾主骨，故骨的生理病理也归属于肾。脉是指血脉，心在体合脉，故脉多从属于心。胞宫是发生月经和孕育胎儿的器官，胞宫的功能是否正常取决于三点：第一，冲任两脉是否充盈；第二，肝气是否通达，肝血是否调和；第三，肾中精气是否充沛。胆储藏与排泄胆汁，但其不与水谷直接接触，故既为六腑之一，又为奇恒之腑。

（5）经络学说。经络是运行全身气血、联络脏腑肢节、沟通上下内外的通道。

1）经络的概念。经络是经脉和络脉的总称，“经”是路径、主要干线的意思，

“络”是网络和支线的意思。经脉是人体的纵行干线，络脉是经脉的分支系统。经络系统遍布全身，有规律地循行和交接，把全身内外联结成一个有机的整体，就像一个城市的交通系统一样。一个城市的交通系统是由主要干线与小巷小弄联结成的网络系统，每天行人与车辆通行不息，如果塞车，就会造成交通瘫痪。经络就是人体的“交通系统”，营养全身的气血在经络中川流不息、吐纳交换，这样身体才能健康强壮。如果气血在某个部位停滞不通，那么人体就会出现各种疾病，所以中医有“不通则痛，通则不痛”之说。“通”是指气血通畅，“痛”是指各种病痛。

2）经络的组成。经络的组成见表 4–3。任督两脉与十二经脉的走向、交接与分布规律如下。

表 4–3 经络的组成

<table>
<tr><td rowspan="23">经络</td><td rowspan="20">经脉</td><td rowspan="12">十二经脉
（十二正经）</td><td rowspan="6">手经</td><td rowspan="3">三阴</td><td>手太阴肺经</td></tr>
<tr><td>手少阴心经</td></tr>
<tr><td>手厥阴心包经</td></tr>
<tr><td rowspan="3">三阳</td><td>手太阳小肠经</td></tr>
<tr><td>手少阳三焦经</td></tr>
<tr><td>手阳明大肠经</td></tr>
<tr><td rowspan="6">足经</td><td rowspan="3">三阴</td><td>足太阴脾经</td></tr>
<tr><td>足少阴肾经</td></tr>
<tr><td>足厥阴肝经</td></tr>
<tr><td rowspan="3">三阳</td><td>足太阳膀胱经</td></tr>
<tr><td>足少阳胆经</td></tr>
<tr><td>足阳明胃经</td></tr>
<tr><td rowspan="8">奇经八脉</td><td colspan="3">任脉</td></tr>
<tr><td colspan="3">督脉</td></tr>
<tr><td colspan="3">冲脉</td></tr>
<tr><td colspan="3">带脉</td></tr>
<tr><td colspan="3">阴维脉</td></tr>
<tr><td colspan="3">阳维脉</td></tr>
<tr><td colspan="3">阴跷脉</td></tr>
<tr><td colspan="3">阳跷脉</td></tr>
<tr><td rowspan="3">络脉</td><td colspan="4">别络：共十五别络。十二经脉各有一别络，任督两脉各有一别络，脾经另有一大络</td></tr>
<tr><td colspan="4">孙络：别络之分支细小者</td></tr>
<tr><td colspan="4">浮脉：孙络之浮在肌表者</td></tr>
</table>

任脉：会阴—前正中线—颏部。

督脉：会阴—后正中线—上齿龈。

手太阴肺经：中焦—大肠—肺—中府—上肢内侧前缘—拇指。

手阳明大肠经：食指—上肢外侧前缘—肩前—颈—鼻旁。

足阳明胃经：鼻翼两侧—口周—颈前—乳头—脐旁—下肢外侧前缘—第二趾外侧。

足太阴脾经：大趾内侧—下肢内侧前缘—腹胸部。

手少阴心经：心中—上肢内侧后缘—小指。

手太阳小肠经：小指—上肢外侧后缘—肩胛—颈—耳前。

足太阳膀胱经：目内眦—头顶—项后—背腰骶—下肢外侧后缘—小趾。

足少阴肾经：足心—下肢内侧后缘—胸腹。

手厥阴心包经：胸中—上肢内侧中线—中指。

手少阳三焦经：无名指—上肢外侧中线—肩后—颈—耳后—眉梢。

足少阳胆经：目外眦—头颞—顶—肋腰—下肢外侧中线—第四指外侧。

足厥阴肝经：大趾上方—下肢内侧中线—阴部—肋部。

3）经络的功能。中医学有“经脉者，所以能决死生，处百病，调虚实，不可不通”的说法。

①运行气血，协调阴阳。经络是气血运行的通道，通过经脉的横纵穿行，络脉的网状渗透，奇经八脉的相互沟通，将气血输布全身，濡养脏腑、组织器官，充实皮肤、骨骼、肌肉，同时由于经络的联系，使人体的上下、左右、前后、脏腑、表里之间得以保持相对的平衡。

②抗御病邪，反映症候。发生疾病时，首先由经络调动气血奋力抵抗，外邪则通过经络由表及里、由浅入深。体内发生病变时也是沿着经络由内传外、由脏腑反映到体表的，如容颜衰老、面皱无华、痤疮、色斑、脱发等就是体内病源反映于体表。

③传导感应，调整虚实。针灸、按摩、气功都是通过经络传导感应，以调整机体的阴阳虚实。具体表现为在经络、穴位处会出现酸胀沉重的感觉，中医学将这种感觉称为“得气”，这里所说的气就是经气，是经络的一种独特的生命现象。这种气会沿着经络传导运行，反映到所联系的脏腑体表。治疗时就是取“气行”的作用，“泻其有余，补其不足”，起到调整机体的作用。

学习单元 2

基本按摩手法

一、按摩的种类

按摩是一种古老的手法，实际上是出于人类本性去触摸身体痛苦部位的延伸。按摩在芳香美容中是很重要的一部分，在按摩过程中加入精油，不论精油是否渗透进皮肤，都可以起到调理作用，精油香气还可以调整心理状况。按摩是一种享受，可以达到放松身心的功效，是帮助人们减轻生活压力和调节紧张情绪的方法之一。

1. 瑞典式按摩

瑞典式按摩是指针对柔软组织的按摩方法，或者可以说是按摩身体的柔软组织。早在19世纪，瑞典的林恩教授就对按摩进行了全面的科学研究，进而创立了瑞典式按摩。瑞典式按摩合并了几种不同类型的手法——长推、揉捏、臂砍以及将手掌拱成杯状拍打。除此之外还有重压法，就是用拇指深度按压的按摩手法，但这种手法在瑞典式按摩中较少用到。瑞典式按摩主要针对皮肤表面，且仅对血管和肌肉产生影响。

2. 淋巴按摩（淋巴引流）

（1）淋巴按摩的作用机制

1）淋巴按摩作用于自主神经系统。人的自主神经系统又称内脏神经系统、植物性神经系统，包括交感神经与副交感神经两大类。交感神经主司人体的活动状态，若其过分亢奋，体现在精神心理方面则可能有焦躁、失眠、心神不安的问题，体现在美容方面则可能有黑斑、痤疮、皱纹、毛孔粗大等问题。淋巴按摩对于副交感神经系统具有刺激作用，这就意味着当某人接受淋巴按摩后会变得较为镇静、松弛，甚至容易进入睡眠状态。

2）淋巴按摩作用于神经反射通道，强化抑制性神经元。人的表层皮肤拥有许多末梢感受器，它们是外来刺激的接收站。当皮肤受到外来刺激时，刺激信号被末梢感受器接收至中间神经元，再经感觉中枢通过运动信号到达受刺激部位，引起红肿、热、痛等身体反应。淋巴按摩可以强化抑制性神经元，进而降低甚至消除皮肤因外界刺激所引起的疼痛感，这就是淋巴按摩可以减轻发炎组织疼痛、肿胀的原因。

3）淋巴按摩作用于免疫系统。人体免疫系统可分为固有免疫和适应免疫，其中适应免疫又分为体液免疫与细胞免疫两大类。淋巴按摩能增强组织中淋巴液的流动性，将病原体或毒素、废物送到“免疫系统执行站”加以消灭或清除。

4）淋巴按摩作用于血管及淋巴管平滑肌。淋巴按摩可促使毛细血管前括约肌收缩，进而促使毛细血管内血压下降，这种管内负压可使管外组织液回流，如此可减轻身体各部位的水肿程度。另外，淋巴按摩对淋巴管内的节律性脉冲运动有促进作用，可加速管内淋巴液的流动，进而促使淋巴液以更快的速度流向淋巴结。此外，淋巴系统的收缩运动（又称脉冲运动）与温度有关，温度越高，收缩越快。因此，人体在发热时，过高的体温会促使淋巴管收缩加快，如此便可将病原体送往“免疫系统执行站”加以消灭。

（2）淋巴按摩的芳香美容适用范围

1）面部皮肤暗沉。

2）面部敏感、毛细血管扩张。

3）眼袋、黑眼圈。

4）痤疮皮肤。

5）疤痕皮肤。

6）水油不平衡皮肤。

7）淋巴阻断造成的各种皮肤病变。

8）腿部水肿。

9）减肥后的紧肤处理。

3. 指压式按摩

指压式按摩由日本人创立。指压一词源于日语，是由日语中手指和施压这两个词所组成的。如同针灸和艾灸一样，指压式按摩是东方医学的治疗方式。指压式按摩还是一种较为个人化的治疗方式。指压式按摩是相当费力的，就像神经肌肉按摩一样，可能会造成疼痛或轻微的瘀伤，偶尔的疼痛是必要的，但是不能产生强烈的疼痛。一般沿着身体的经络走向进行指压式按摩。在进行全身指压式按摩时，最先从头部开始，然后到背部，接着由手部到肩部，再由脚部往上按压到骨盆。整个按摩过程都沿着身体各部位的经络走向进行。

4. 神经肌肉按摩

神经肌肉按摩是由西方整骨医生和按摩师发展出来的按摩方法。神经肌肉按摩属于一种深度按摩法，其主要目的在于接触到神经、韧带、肌腱以及其他结缔组织，以到达柔软按摩法无法触及的部位。像其他深度按摩法一样，神经肌肉按摩主要是靠拇指或指尖来完成的，通常需要施加一定程度的压力，一般来说压力不要超过 5 N。神经肌肉按摩会用到多种手法，最常用的是环形动作，即将拇指或其他手指按压在皮肤上画小圆圈，这种手法对中深度的按摩很有效。

5. 美容按摩

美容按摩属于无痛按摩或轻量按摩，是一种以柔性手法为主体的按摩方法，具有轻柔、轻巧、令人愉悦的特点，能使人在无痛甚至舒适、睡眠的情况下达到美容保健的目的。美容按摩能去除皮肤表皮衰老的角质细胞，改善皮肤的呼吸，增强皮脂腺、汗腺的分泌，使皮肤充满光泽。美容按摩同时具有改善真皮内弹力纤维的作用，有助于增强皮肤的弹性，防止皱纹的产生。美容按摩还能提高皮肤的温度，促使皮肤毛细血管扩张，加强血液循环，增加血容量，改善皮肤的营养状况。

美容按摩不同于其他按摩，其按摩手法以指腹着力为主，特别是在面部按摩中更多地使用中指、无名指按摩。美容按摩需要配合使用按摩霜和按摩油，这样既能增强皮肤的润滑程度，又能吸收按摩时所产生的热量，防止皮肤损伤。

6. 反射按摩

反射按摩不仅是一种进行诊断和治疗的精确而有效的按摩方法，而且是芳香按摩中一种有价值的辅助方法，其可以追溯到古埃及文明时期。反射按摩与针灸治疗之间有相同之处，但是这两种疗法各自以不同的理论为基础。反射按摩的基本原理是将全身分为十个区，从身体中央一分为二，每边各五区。所有位于身体中央部位的器官，如膀胱、甲状腺及胃被归于脚上的第一区中。如果身体的某一器官有疾病，在这个区域中的其他器官也很有可能受到影响。芳香美容与反射按摩结合使用有互补之效。例如，脚上的各个反射点或反射区与身体各组织器官之间会相互影响，了解和认识这些反射点可以帮助芳香美容从业人员辨别和改善顾客的身体问题。有丰富经验的芳香美容从业人员能在脚上的反射区内感觉到小颗粒或结晶的存在，持续对该部位施压，直到顾客的不适感消除，这种手法有益于该反射点对应器官、组织的健康。反射按摩能改善因精神压力、缺乏运动、慢性疾病等引起的精神郁结，促使身体达到最佳状态。在进行反射按摩时，不是必须使用精油或基础油。有些芳香美容从业人员会在进行精油按摩时顺便进行反射按摩；有些芳香美容从业人员会利用反射按摩来寻找虚弱的器官、组织，以作为选择精油的参考；有些芳香美容从业人员则会利用反射按摩来强化精油疗效，舒缓顾客的压力。

二、按摩的常用手法

按摩的常用手法见表 4–4。

表 4–4 按摩的常用手法

手法	具体操作
按法 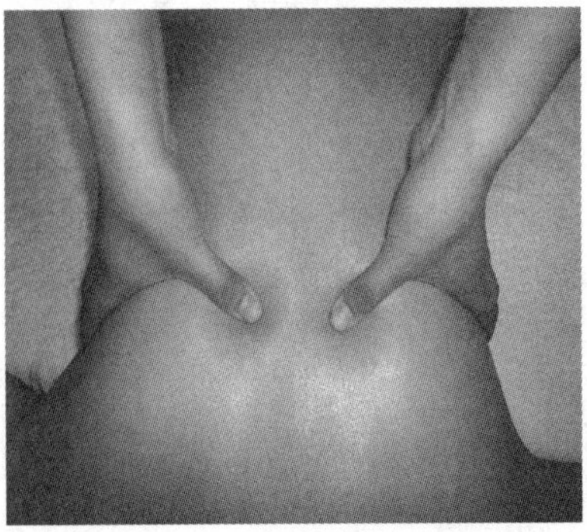	以手指或手掌按摩，有指按和掌按两种手法。按法具有疏通经络、放松肌肉、消除疲劳、抗皱美容的作用，能降低过高的神经兴奋性，改善皮肤的营养和供血，增强机体的氧化过程，改变淋巴液的瘀滞状态
摩法 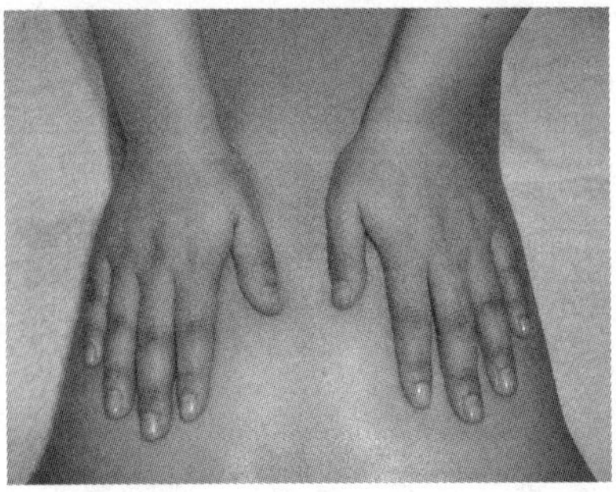	以手指或手掌在皮肤上做柔软性摩动。摩法能改善汗腺及皮脂腺的功能，提高皮肤温度，促进皮肤角质层脱落，加强血液循环和淋巴循环，促进胃肠蠕动，调整皮肤的血液供应

续表

手法	具体操作
推法 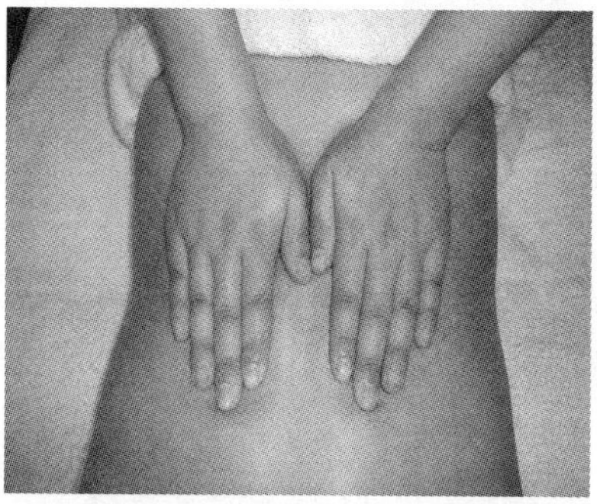	以手指或手掌贴紧皮肤，按而送之，动作不宜过快、过猛，撤手时动作宜缓如抽丝。有指推和掌推两种手法，可直接作用于皮肤和皮下组织。推法能加强血液循环和淋巴循环，滋润皮肤，减少皱纹，提高神经的兴奋性，消肿止痛，舒经通络
擦法 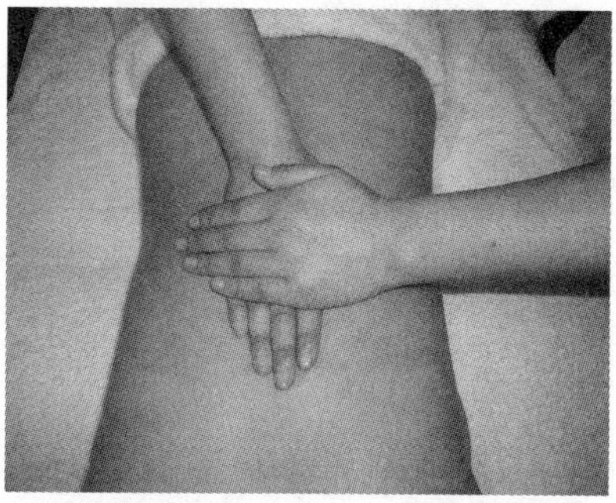	用手掌贴紧皮肤，并稍用力向下压，做上下左右的直线擦动。有掌擦、大小鱼际擦等手法。擦法有提高皮肤局部温度、增强皮肤新陈代谢的作用，还有清洁皮肤、改善汗腺与皮脂腺分泌的作用，且对中枢神经系统有镇静作用
抹法 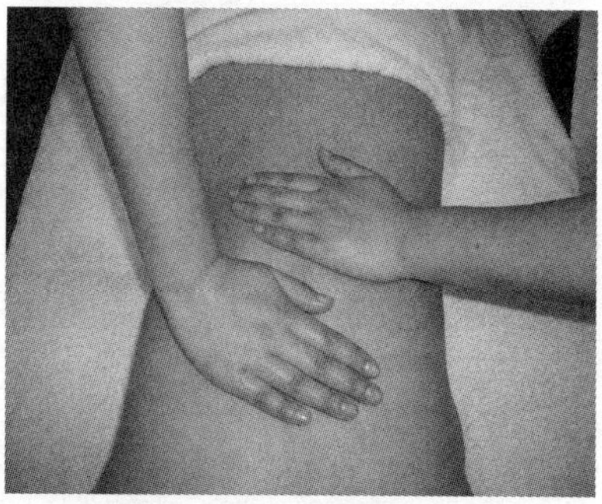	用手指贴紧皮肤，做上下左右的曲线抹动。抹法能扩张毛细血管，调整神经系统及体液循环，有抗皱、美容的功效
揉法 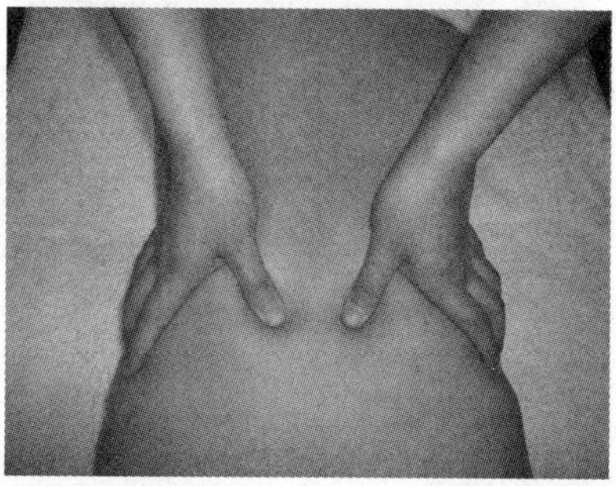	用手指在局部皮肤做轻柔和缓的回旋揉动。揉法能促进肌肉和皮下脂肪的新陈代谢，增强肌肉和真皮组织的弹性，消除多余脂肪。揉法所用力度可根据被按摩者的忍耐力及身体状况而定

续表

手法	具体操作
搓擦法 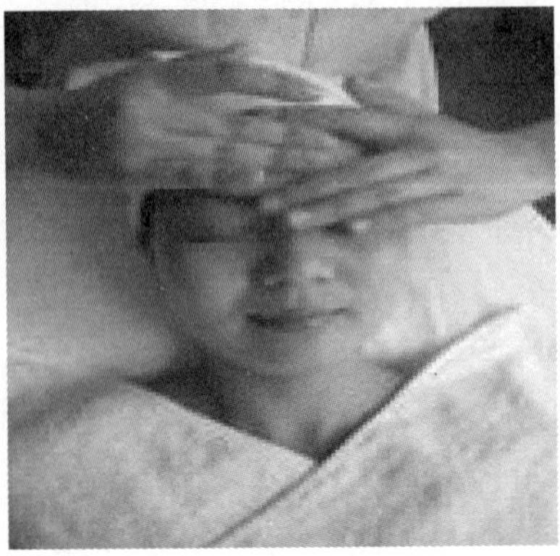	先用一只手的两手指将皮肤向两侧推开，及时用另一只手的手指在皱纹部位往上轻压滑动，使之展开。搓擦法能增强皮肤的弹性和紧张度，消除皮肤皱纹

操作技能

推法和揉法的按摩训练

操作准备

基础油和植物精油若干种，按摩床 1 张，按摩枕 1 个，大小毛巾各 2 条，薄被 1 条，拖鞋 1 双，调配工具 1 套。

操作步骤

步骤 1 进行健康咨询。

步骤 2 调配复方按摩油。根据咨询结果选择正确的基础油和植物精油，并计算正确的调配比例。

步骤 3 协助顾客沐浴（皮肤清洁而湿润时是按摩的最佳时机）。

步骤 4 按照按摩顺序、按摩要求反复训练。

注意事项

1. 按摩师双手要注意保持清洁、温暖，指甲修剪好，不佩戴任何饰品。

2. 为了按摩顺利进行并取得良好效果，按摩师体位应便于操作，被按摩者的肌肉应充分放松。

3. 进行全身按摩时应注意操作方向，要顺着淋巴液回流的方向进行按摩。

4. 按摩时要注意顺序，力度要轻柔均匀。

学习单元 3

芳香淋巴按摩法

一、芳香淋巴按摩法的基础知识

1. 芳香淋巴按摩法的目的

（1）激发本能，借触摸以安抚人的心灵。有节奏地安抚身体会令人觉得十分舒服，身体得以放松，肌肉紧张程度减轻，血液循环及淋巴循环加强。

（2）可协助开启身体的能量中心，能量可缓解疲倦和预防疾病。

（3）可使人在生理上、心理上、情感上、精神上以及个人与环境之间达成协调，恢复其平衡，身体的自愈能量就会释放出来，达到保健目的。

2. 芳香淋巴按摩法的注意事项

（1）护理前应仔细了解顾客是否有任何禁忌。

（2）护理前，操作者和顾客都需要喝水。操作者喝水是为了保持体力；顾客喝水是为了加速血液循环，促进精油的吸收。

（3）护理时必须做好顾客身体的保暖工作，顾客只需要露出护理部位，其他部位则用毛巾盖好。

（4）护理时动作要慢且一致，不可太快。

（5）操作力度不可过重，因为皮肤内有浅层淋巴分布，动作轻柔可以促进淋巴液的流动。可根据所护理部位的肌肉大小来决定力度，通常不宜过重。

（6）每做完一个动作，操作者都需要甩手。

（7）护理时双手不能同时离开顾客身体。

（8）按摩结束后要让顾客休息片刻，观察顾客面部是否出现光泽。

（9）按摩结束后要及时洗手。

（10）整套芳香淋巴按摩所需护理时间为 1 h，建议顾客每周做一次。

3. 芳香淋巴按摩法的作用

（1）皮肤。促进皮肤血液循环，帮助去除表皮的死细胞，刺激皮脂腺分泌皮脂，让皮肤更有弹性、更柔软，清洁汗腺，刺激感觉神经末梢。

（2）肌肉。松弛紧张的肌肉，促进肌肉及皮肤中废物的排出，借此分解积存的乳酸，消除肌肉疲劳，对抗收缩的肌肉，改善肌肉的柔软度，预防增生组织的形成，松弛拉紧的筋膜。

（3）循环。驱除淋巴循环及静脉循环中的充血，通过压迫体液使精油经血管流向心脏，改善血液供给，使各器官、组织有更多的氧气和养分，减轻四肢的水肿程度。

（4）其他。加速新陈代谢，分解、软化沉淀的脂肪，清除神经通道，并松弛心灵及身体。

二、芳香淋巴按摩法的操作步骤（见表 4–5）

表 4–5　　芳香淋巴按摩法的操作步骤

部位	图示	具体操作步骤	说明
后背部	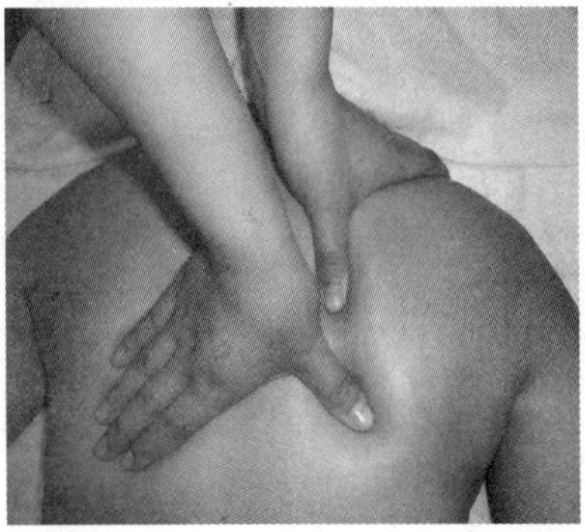	双手顺肩胛骨推至腋下淋巴结方向	用按法、擦法、揉法做颈部、肩部、肩胛骨、腰部至骶骨各部位的放松按摩

续表

部位	图示	具体操作步骤	说明
后背部	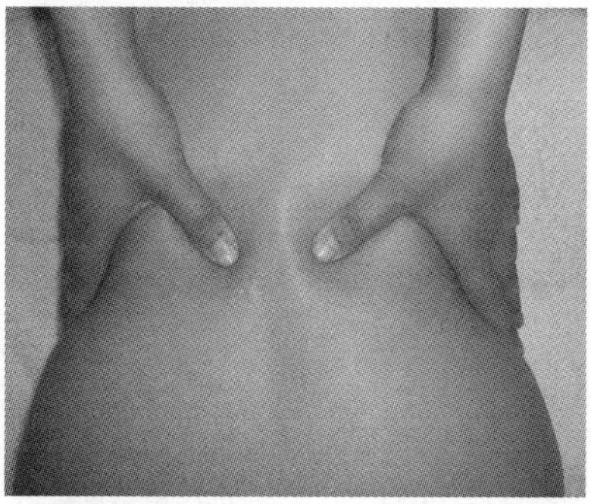	顺足太阳膀胱经（椎骨两侧）由上至下推至骶骨处，大回旋再从两侧肋骨由下至上推至腋下淋巴结处，甩手结束	用按法、擦法、揉法做颈部、肩部、肩胛骨、腰部至骶骨各部位的放松按摩
头面部	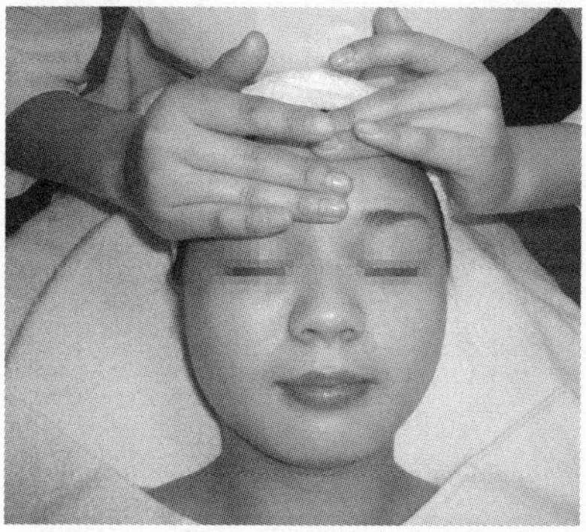	用中指和无名指指腹朝枕淋巴结、乳突淋巴结方向平拉，做额部、眼部淋巴引流动作	—
	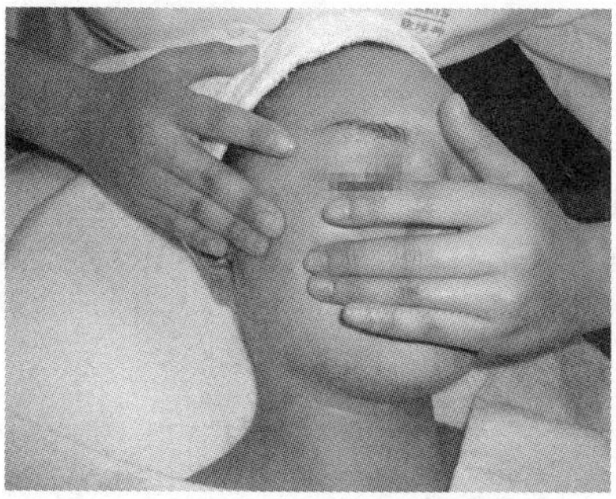	用中指和无名指指腹朝腮腺淋巴结方向平拉，做脸颊部淋巴引流动作	
	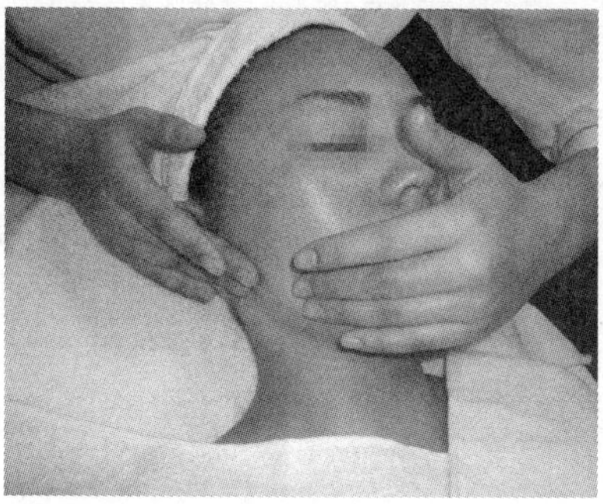	用中指和无名指指腹朝下颌下淋巴结方向平拉，做颌部淋巴引流动作	

续表

部位	图示	具体操作步骤	说明
	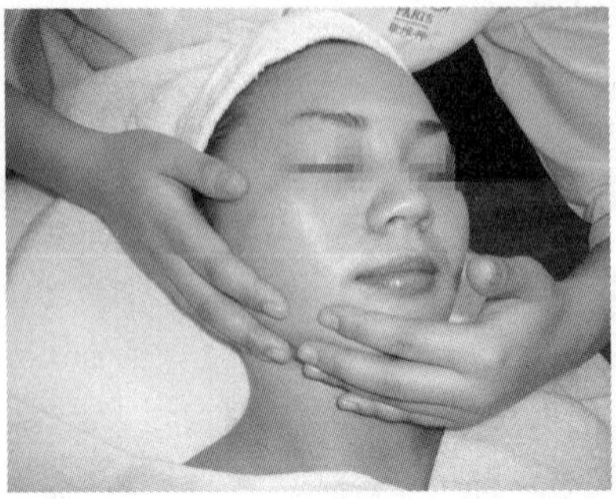	用中指和无名指指腹朝颏下淋巴结方向平拉，做颏下淋巴引流动作	
头面部	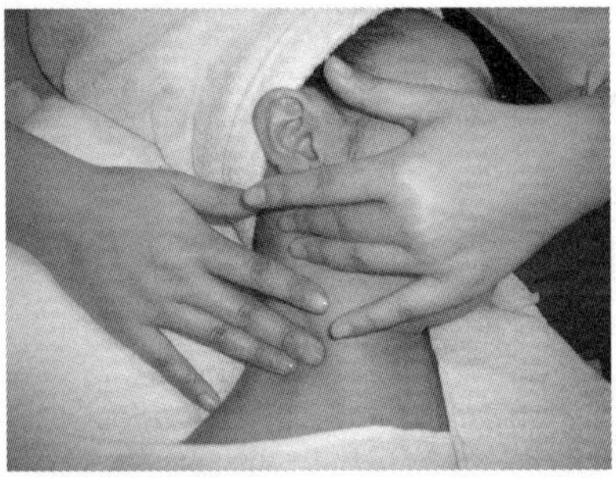	用中指和无名指指腹经由腮腺淋巴结、下颌下淋巴结、颏下淋巴结、颈外侧深淋巴结、颈外侧浅淋巴结朝腋淋巴结方向做淋巴引流动作	—
	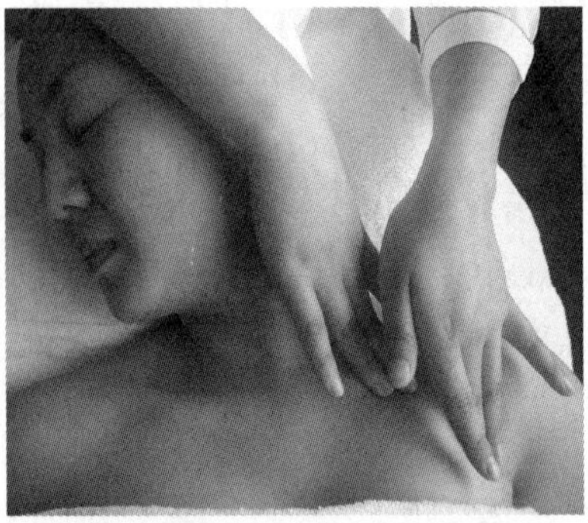	用中指和无名指指腹经由枕淋巴结、乳突淋巴结、颈外侧深淋巴结、颈外侧浅淋巴结朝腋淋巴结方向做淋巴引流动作，甩手结束	
胸部	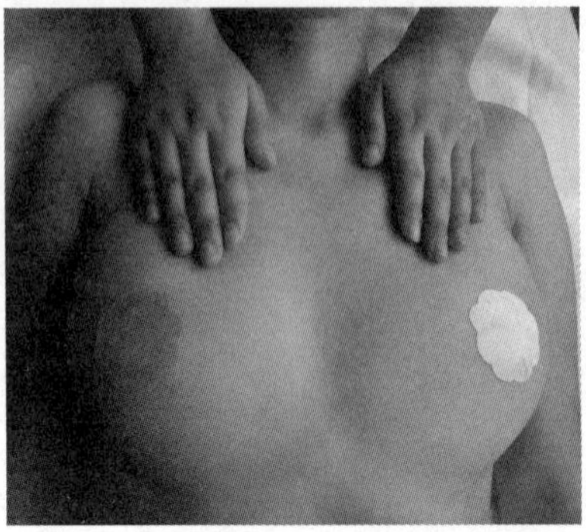	双手平放在顾客的上胸部，手掌与顾客身体平行，由肩部开始途经锁骨向两侧腋淋巴结方向做引流动作，停留一会儿	双手手掌平放在顾客胸部，用按法、揉法充分按摩胸肌（腋窝周围支撑乳房的肌肉）

续表

部位	图示	具体操作步骤	说明
胸部	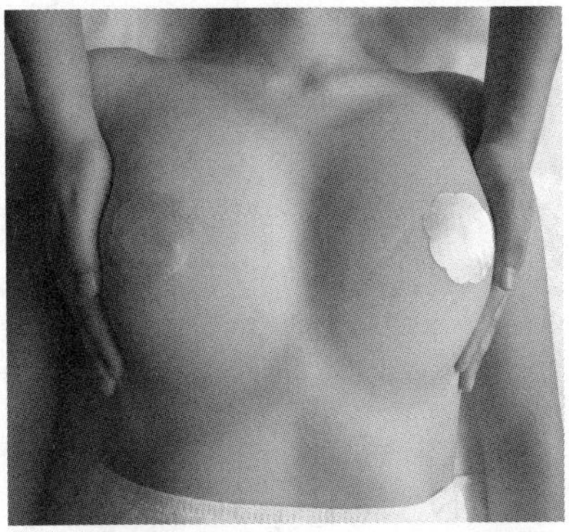	手掌回到原位，再向下推行，途经胸口两手分开，沿肋骨向上朝腋淋巴结方向做引流动作，停留一会儿，甩手结束	双手手掌平放在顾客胸部，用按法、揉法充分按摩胸肌（腋窝周围支撑乳房的肌肉）
腹部	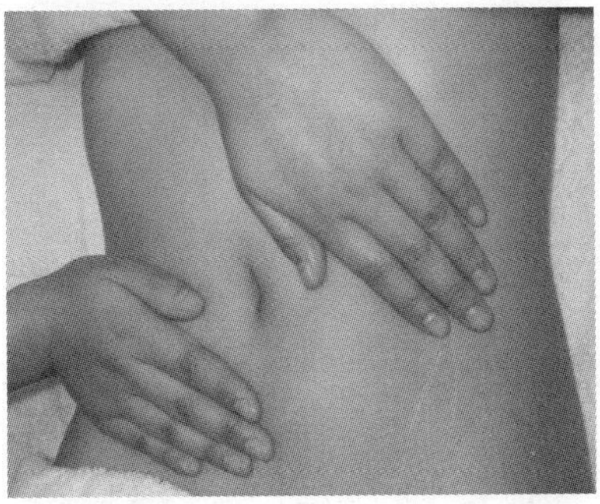	以肚脐为中心逆时针做促进小肠、大肠蠕动的按摩	双手手掌平放在顾客腹部，用按法、揉法充分按摩腹肌
	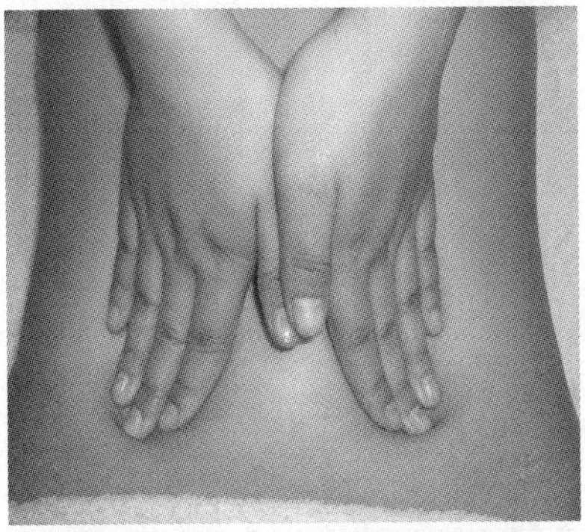	以肚脐为中心分左右朝腹股沟淋巴结方向做引流动作，甩手结束	
上肢	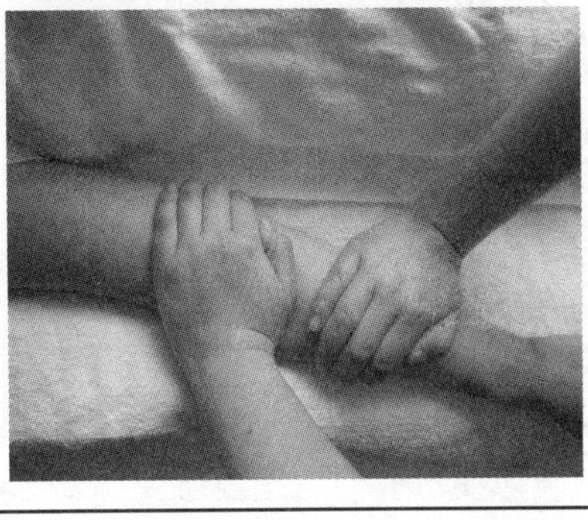	从手腕内侧开始，单手手掌朝肘淋巴结平推做引流动作，停留一会儿	用按法、抹法、揉法做上肢放松按摩

续表

部位	图示	具体操作步骤	说明
上肢	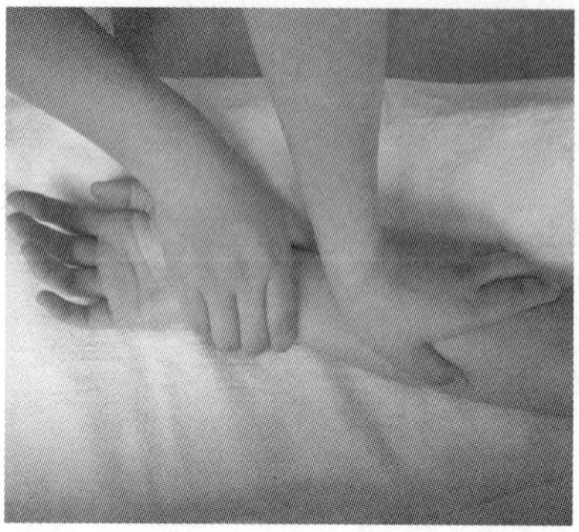	途经上臂内侧继续平推至腋淋巴结处，甩手结束	用按法、抹法、揉法做上肢放松按摩
下肢	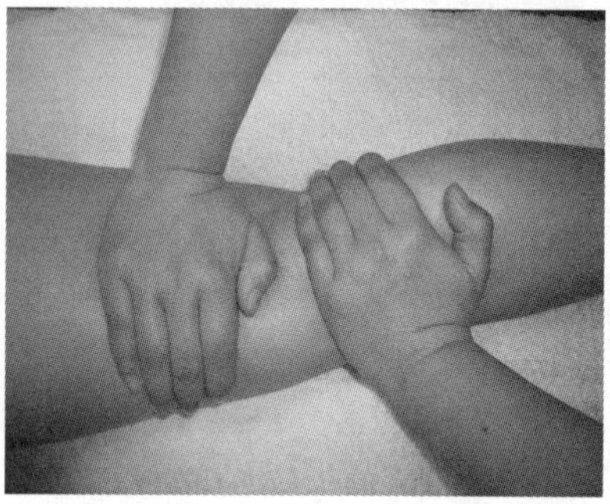	从小腿下端脚踝处开始，双手手掌朝膝盖后方腘淋巴结平推，继续平推至腹股沟淋巴结处，甩手结束	用按法、推法、抹法、揉法做下肢放松按摩
	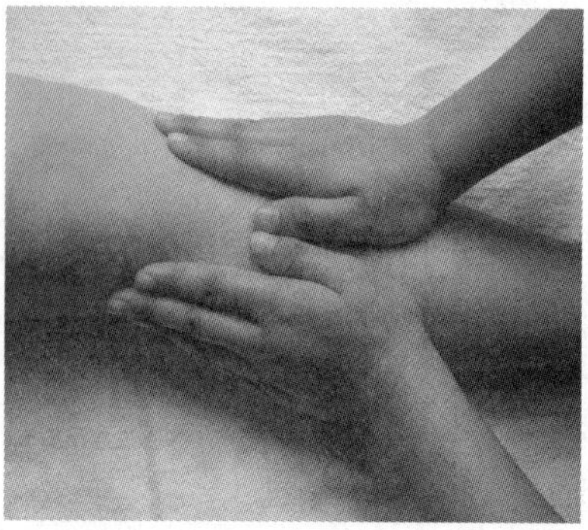	从脚面开始途经脚踝、小腿前侧，双手手掌朝膝盖方向平推，再朝膝盖后方腘淋巴结平推做引流动作，停留一会儿；再继续途经大腿前侧平推至腹股沟淋巴结做引流动作，甩手结束	

三、芳香淋巴按摩法的禁忌

芳香淋巴按摩法以促进淋巴循环和排出毒素为原则，为了达到良好的效果，在护理之前必须与顾客充分沟通，了解顾客的身体状况，有下列情况者必须格外注意。

第一，先检查局部淋巴结，如有肿胀、压痛则应列为禁忌。因为淋巴结具有过滤废物及毒素的作用，当淋巴结肿大时，说明局部有炎症，为了防止炎症蔓延、造成不当的后果，应避免进行芳香淋巴按摩。

第二，有发热、血压异常、低血糖症状的顾客以及心脏功能不稳定者不宜接受芳香淋巴按摩。

第三，局部静脉发炎、局部皮肤发炎或有晒伤或创伤时，不可对患处或新的伤口疤痕进行芳香淋巴按摩。

第四，传染病患者、结核病患者、白血病患者、接受放射疗法患者、恶性肿瘤患者不可接受芳香淋巴按摩。

第五，怀孕期间不宜接受任何部位的芳香淋巴按摩。

第六，手术结束不到一年或未完全恢复者不宜接受芳香淋巴按摩。

第七，针灸当天，打过预防针后 36 h 内不宜接受芳香淋巴按摩。

第八，月经来潮的第 2 天、第 3 天不宜接受腹部芳香淋巴按摩。

第九，饮食过量者、癫痫患者、饮酒后未超过 12 h 者不宜接受芳香淋巴按摩。

第十，经常服用大量药物者或吸毒者不宜接受芳香淋巴按摩。

操作技能

芳香淋巴按摩手法的训练

操作准备

基础油和植物精油若干种，按摩床 1 张，按摩枕 1 个，大小毛巾各 2 条，薄被 1 条，拖鞋 1 双，调配工具 1 套。

操作步骤

步骤 1　进行健康咨询（建立顾客档案卡）。

步骤 2　调配复方按摩油。根据咨询结果选择正确的基础油和植物精油，并计算正确的调配比例。

步骤 3　协助顾客沐浴或清洁身体。

步骤 4　去除皮肤角质。

步骤 5　进行经络穴位按摩。

步骤 6　进行芳香淋巴按摩（直至精油完全吸收）。

步骤 7　让顾客在按摩床上休息 10 min。

步骤 8　搀扶顾客起身，送水。

步骤 9　按摩结束，整理场地。

测试题

一、单选题（选择一个正确的答案，将相应的字母填入题内的括号中。）

1. 血液循环中的体循环又称（　　）。

A. 大循环　　B. 周而复始循环

C. 小循环　　D. 流动循环

2.（　　）是血液循环的动力器官。

A. 肺　　B. 肝　　C. 心脏　　D. 脾

3. 淋巴管道内流动着的液体称为（　　）。

A. 血液　　B. 循环液体　　C. 淋巴液　　D. 流动液体

4. 消化管包括口腔、咽、(　　)、胃、大肠、小肠。

A. 食管　　B. 膀胱　　C. 胆　　D. 脾

5. 呼吸系统由（　　）和肺组成。

A. 呼吸道　　B. 气管　　C. 咽　　D. 喉

6. 呼吸系统的主要功能是进行机体与外界环境之间的（　　）。

A. 气体交换　　B. 物质交换　　C. 精气交换　　D. 液体交换

7. 生殖系统包括（　　）和外生殖器。

A. 内生殖器　　B. 肾脏　　C. 膀胱　　D. 脾脏

8. 女性的生殖管道包括输卵管、(　　）和阴道。

A. 子宫　　B. 卵巢　　C. 肾　　D. 尿道

9. 人体的腺体有两类：一类是有导管的腺体，其分泌物都通过导管排出，称为外分泌腺；另一类是没有导管的腺体，其分泌物为激素，这类腺体称为（　　）。

A. 汗腺　　B. 皮脂腺　　C. 胸腺　　D. 内分泌腺

10. 神经系统分为（　　）系统和周围神经系统两部分。

A. 自主神经　　B. 脑神经　　C. 中枢神经　　D. 脊神经

11. 为了奠定中医学理论基础，必须要学习整体观念和（　　）。

A. 精深观念　　B. 精悍医艺　　C. 辨证论治　　D. 自然观念

12. 沉静的、内在的、下降的、寒冷的、灰暗的、机能衰退的事物都属于（　　）。

A. 阳　　B. 虚　　C. 表里　　D. 阴

13. 活动的、外在的、上升的、温热的、明亮的、机能亢进的事物都属于（　　）。

A. 阳　　B. 虚　　C. 表外　　D. 阴

14. 五行相生的次序为：(　　)、火生土、土生金、金生水、水生木。

A. 木生水　　B. 木生土　　C. 木生火　　D. 水生金

15. 五行相克的次序为：木克土、土克水、水克火、火克金、(　　)。

A. 木克火　　B. 土克金　　C. 金克木　　D. 火克土

16. 脏腑是内脏的总称，包括五脏、六腑、(　　) 三类。

A. 奇恒之腑　　B. 气血之腑　　C. 淋巴之腑　　D. 神经之腑

17. 中医学理论认为，肺 (　　)，司呼吸，在志为忧，其华在毛，开窍于鼻。

A. 主安神　　B. 主气　　C. 主血脉　　D. 主神经

18. 中医学理论认为，肝 (　　)、主藏血，在志为怒，在液为泪，在体合筋，其华在爪，开窍于目。

A. 主安神　　B. 主运化　　C. 主血脉　　D. 主疏泄

19. 手三阴经包括 (　　)、手少阴心经、手厥阴心包经。

A. 手太阳小肠经　　B. 手少阳三焦经

C. 手太阴肺经　　D. 手阳明大肠经

20. 用手贴着顾客皮肤做轻柔和缓的回旋揉动的按摩手法称为 (　　)。

A. 摩法　　B. 推法　　C. 揉法　　D. 拿法

21. 美容按摩属于无痛按摩或轻量按摩，是一种以 (　　) 为主体的按摩方法，具有轻柔、轻巧、令人愉悦的特点。

A. 揉搓手法　　B. 指压手法　　C. 柔性手法　　D. 按抚手法

二、判断题（将判断结果填入括号中，正确的打“√”，错误的打“×”。）

1. 心脏是血液循环的动力器官，像水泵一样把从静脉吸入的血液不断地推送到动脉。(　　)

2. 血液由心脏搏动而射出，经动脉、毛细血管和静脉再返回心脏，周而复始，形成血液循环。(　　)

3. 淋巴系统由淋巴管道、淋巴器官、淋巴组织组成。(　　)

4. 消化系统由消化管和消化腺两部分组成。(　　)

5. 咽是空气和食物的共同通道。(　　)

6. 鼻、咽、喉称为下呼吸道，气管、支气管合称为上呼吸道。(　　)

7. 人体进行呼吸是吸入氧气、排出二氧化碳。(　　)

8. 膀胱位于盆腔内，有暂时储存尿液的作用。(　　)

9. 泌尿系统的主要功能是排出机体中溶于水的代谢产物。(　　)

10. 生殖系统的主要功能是产生生殖细胞以繁殖后代、延续种族，分泌性激素以维持性征。(　　)

11. 内分泌腺所分泌的激素对机体的新陈代谢、生长发育和维持机体内环境起着重

要的调节作用。 （ ）

12. 神经系统能调节体内各器官之间的生理活动。 （ ）

13. 人脑能主动地认识和改造世界，具有高级语言思维能力，不能超脱一般动物的范畴。 （ ）

14. 人体内各个器官、组织虽是独立的，但是它们之间又是相互联系、相互影响、相互协调、相互作用的。 （ ）

15. 辨证就是将四诊（望、闻、问、切）得到的症状和体征加以分析，是治病。 （ ）

16. 天地间任何事物都可以分为阴阳两类。 （ ）

17. 中医理论认为，气是无形的物质，经络是气血运行的通道。 （ ）

18. 五脏的功能主要是化生和储藏精气。 （ ）

19. 肝有储藏血液、调节血量的作用。人体在运动时，肝将其储藏的血液供应至全身。 （ ）

20. 中医学理论认为，胆有判断事物与参与决策的功能。 （ ）

21. 胃部不适，则会产生恶心、胀气等症状。 （ ）

22. 小肠主受盛化物，泌别清浊。 （ ）

23. 针灸、按摩、气功都是通过经络传导感应，以调整机体的阴阳虚实。 （ ）

测试题参考答案

一、单选题

1. A　2. C　3. C　4. A　5. A　6. A　7. A　8. A　9. D
10. C　11. C　12. D　13. A　14. C　15. C　16. A　17. B　18. D
19. C　20. C　21. C

二、判断题

1. √　2. √　3. √　4. √　5. √　6. ×　7. √　8. √　9. √
10. √　11. √　12. √　13. ×　14. √　15. ×　16. √　17. √　18. √
19. √　20. √　21. √　22. √　23. √

培训任务 5

皮肤的芳香护理

学习单元 1

面部皮肤的芳香护理

一、面部皮肤的常规芳香护理

1. 老化皮肤的芳香护理

（1）老化皮肤的表现和原因。自古以来，人们就一直渴望年轻，永葆青春。为了延年益寿或返老还童，许多人在寻找灵丹妙药。随着岁月的流逝和年龄的增长，皮肤颜色变差、变干，面部出现斑点，脸颊凹陷，结缔组织逐渐失去弹性。结缔组织老化后，表情纹就不会消退，渐渐产生皱纹。一般皮肤的代谢周期是 28 天，但随着年龄的增长，细胞再生的速度越来越慢，细胞分裂减缓，皮肤代谢功能减退。当表皮细胞再生能力渐渐减弱时，表皮死细胞不能及时脱落，日积月累，死细胞便会停留在皮肤表面，皮肤的胶原蛋白、弹性纤维及基质组织发生变化，皮肤松弛且失去光泽，变得缺乏生命力。皮肤老化的影响因素主要有以下几点。

1）过量饮用酒、茶、咖啡等。

2）吸烟、疾病、强烈的药物刺激。

3）强烈的紫外线照射使水分流失、胶原蛋白被破坏，皮肤变得粗糙。

4）长期待在开空调的室内，大多数房间通风不足，皮肤缺乏水分。

5）长期失眠或睡眠不足导致内分泌紊乱。

6）环境的突然改变或受到严重污染。

7）精神压力导致重大的情绪变化，如亲人好友过世。

8）快速减肥或缺乏体育锻炼。

总之，适量的运动、充足的营养、足够的睡眠以及避免污染都可以减轻皮肤老化的程度。

（2）老化皮肤适用的精油

1）配合天竺葵、茉莉、玫瑰等精油与荷荷巴油、葡萄籽油、小麦胚芽油等基础油进行按摩，可以保持皮肤表面的水油平衡。天竺葵精油可以缓解因各种情绪因素、身体抵抗力下降而发生在皮肤上的问题，如带状疱疹。

2）用乳香、檀香木、广藿香、胡萝卜籽等精油与玫瑰籽油混合进行经常性的按摩，可以改善老化皮肤，消除皱纹。其中乳香精油可以延缓皱纹的出现，甚至可以减少现有皱纹。

3）将洋甘菊、玫瑰等精油与玫瑰籽油混合进行按摩，可以减轻静脉水肿（毛细血管破裂）的问题，但一般要经过几个月才能看出效果。

（3）老化皮肤的护理操作与辅助措施

1）具体操作

①卸妆。用卸妆棉蘸取卸妆液（或鳄梨油），顺着皮肤的肌肉走向擦拭。

②洁面。取适量洁面乳，滴入一滴檀香木精油或薰衣草精油搅拌均匀，清洁面部后用温水洗净。

③精油敷面去角质。打开离子喷雾机，用蒸汽蒸面部 2 ~ 3 min 软化角质层；再用玻璃或陶瓷面盆取 200 mL 偏热的温水，滴入 5 ~ 6 滴薰衣草精油搅拌均匀；把毛巾浸入水中后捞出略拧干，再将毛巾由上到下敷盖在面部，轻轻敷按，然后顺着皮肤纹理走向轻轻擦拭，反复 6 次。

④爽肤按抚。均匀喷洒玫瑰纯露于面部，轻轻按抚至吸收。

⑤按摩。调配皱纹皮肤按摩油 5 mL 均匀涂于面部，以芳香淋巴按摩手法按摩 15 min。

⑥敷面膜。取皱纹皮肤面膜 5 ~ 10 g 均匀涂于面部，敷 10 min 后清洗。

⑦爽肤。均匀喷洒玫瑰纯露于面部，轻拍至吸收。

⑧润肤。涂去皱保湿日霜 2 ~ 5 g。

⑨眼部护理。取 2 g 眼霜涂于眼部，在眼部轻轻按摩片刻。

2）配合芳香护理的辅助措施

①吃适量的健康食品和水果，喝大量的矿泉水。

②喝含有天然镇静成分的花草茶，如玫瑰花茶、菊花茶、薰衣草茶等。

③尽可能让自己的情绪及神经放松，定期旅游，到大自然中去。

④选用正确的化妆品，配合使用洁面乳、日霜、晚霜、眼霜、玫瑰纯露等。

⑤选择适合的精油熏蒸房间，改善环境，调节心情，净化空气。

2. 干性皮肤的芳香护理

（1）干性皮肤的发现和原因。皮肤干燥时容易产生皱纹、失去弹性甚至脱皮。如果不注意，皮肤就会慢慢变得敏感，容易发炎。干性皮肤是由于皮肤缺乏水分，皮脂分泌不足而形成的。皮脂腺所分泌的皮脂可以帮助维持皮肤的水分。一般老年人由于皮肤干燥，面部会感到紧绷、冰冷，甚至出现皱纹。随着空调的普及，年轻人皮肤干燥的现象也相当普遍。造成皮肤干燥的原因不只是缺水，更主要的原因是皮脂分泌不平衡，更年期和激素的改变也会造成皮肤干燥，因此，必须先调整好身体的整体状况。

（2）干性皮肤适用的精油。天竺葵精油、洋甘菊精油、橙花精油、玫瑰精油用于按抚干性皮肤效果较好。

（3）干性皮肤的护理操作与辅助措施

1）具体操作

①卸妆。用卸妆棉蘸取卸妆液（或鳄梨油），顺着皮肤的肌肉走向擦拭。

②洁面。取适量洁面乳，滴入一滴薰衣草精油或天竺葵精油搅拌均匀，清洁面部后再用温水洗净。

③精油敷面去角质。打开离子喷雾机，用蒸汽蒸面部 2 ~ 3 min 软化角质层；再用玻璃或陶瓷面盆取 200 mL 偏热的温水，滴入 5 ~ 6 滴洋甘菊精油或橙花精油搅拌均匀；把毛巾浸入水中后捞出略拧干，再将毛巾由上到下敷盖在面部，轻轻敷按，然后顺着皮肤纹理走向轻轻擦拭，反复 6 次。

④爽肤按抚。均匀喷洒玫瑰纯露或洋甘菊纯露于面部，轻轻按抚至吸收。

⑤按摩。调配干性皮肤按摩油 5 mL 均匀涂于面部，以芳香淋巴按摩手法按摩 10 min。

⑥敷面膜。取保湿面膜 5 ~ 10 g 均匀涂于面部，敷 10 min 后清洗。

⑦爽肤。均匀喷洒玫瑰纯露或洋甘菊纯露于面部，轻拍至吸收。

⑧润肤。在 2 ~ 5 g 日霜或晚霜内滴入一滴适用的精油搅拌均匀，涂于面部。

⑨眼部护理。取 2 g 眼霜涂于眼部，在眼部轻轻按摩片刻。

2）配合芳香护理的辅助措施

①每天多次补充乳液于面部，可将精油加入乳液中，以增强功效，保护皮肤、避免水分流失。配合使用洁面乳、日霜、晚霜、眼霜、洋甘菊纯露、玫瑰纯露、薰衣草纯露等。

②留意季节的变化，在天热或天气干燥的情况下要注意皮肤保湿。

③多吃蔬菜和水果，多喝天然的果汁和矿泉水。

④避免过量饮酒和抽烟，酒精可伤害皮肤导致干燥，抽烟也会影响皮肤的健康。

⑤选择适合的精油蒸面、敷面以及熏蒸房间，改善环境，调节心情，净化空气。

Tips 小贴士

对干性皮肤人群进行按摩时应控制力度，手法要轻柔。

3. 油性皮肤的芳香护理

（1）油性皮肤的表现与原因。皮脂是一种天然润滑液，能让人的皮肤呈现健康的颜色和光泽。但过多的皮脂会让人看起来面色发黄、毛孔粗大，皮肤还很容易出现黑斑、黑头痤疮和青春痘。皮肤之所以会产生过多的皮脂，是因为皮肤下层的皮脂腺分泌太旺盛。青少年特别容易出现这些问题，因为皮脂的分泌和内分泌系统有密切的关系，而青春期正是内分泌系统的激素分泌水平剧烈变化的时期。

油性皮肤一般分布在鼻、下巴和额头。拥有油性皮肤的人唯一可以感到安慰的是，油性皮肤比干性皮肤老化得慢。

（2）油性皮肤适用的精油。精油可以直接减少皮脂的分泌量，还能间接控制细菌在油性皮肤上的生长繁殖，减轻皮脂分泌过多所引起的种种问题。例如，天竺葵、柠檬、依兰、薰衣草、快乐鼠尾草、杜松、雪松木、葡萄柚等精油都是很好的选择，它们对改善油性皮肤非常有效，而且气味宜人，不论男女都很容易接受。上述精油都可以用作日常护理化妆水。在市场上销售的大多数油性皮肤专用化妆水中，酒精成分所占的比例较高，很容易清除皮肤上所有或绝大部分的皮脂。使用这类化妆水时，皮脂腺为了保持皮肤上有一定量的皮脂，反而会增加皮脂的分泌量。

天竺葵精油和薰衣草精油具有平衡皮脂分泌的作用，且这两种精油都是良好的杀菌剂，因此可以控制皮肤表面细菌的生长繁殖。注意，使用同一种精油的时间最好不要超过 2 周，通常会用雪松木精油、葡萄柚精油来替换。另外，天竺葵精油可以与其他精油混合，以增强它们的作用。

（3）油性皮肤的护理操作与辅助措施

1）具体操作

①卸妆。用卸妆棉蘸取卸妆液（或葡萄籽油），顺着皮肤的肌肉走向擦拭。

②洁面。取适量洁面乳，滴入一滴葡萄柚精油或天竺葵精油搅拌均匀，清洁面部

后用温水洗净。

③精油敷面去角质。打开离子喷雾机，用蒸汽蒸面部 2～3 min 软化角质层；再用玻璃或陶瓷面盆取 200 mL 偏热的温水，滴入 5～6 滴薰衣草精油或天竺葵精油搅拌均匀；把毛巾浸入水中后捞出略拧干，再将毛巾由上到下敷盖在面部，轻轻敷按，然后顺着皮肤纹理走向轻轻擦拭，反复 6 次。

④爽肤按抚。均匀喷洒薰衣草纯露或洋甘菊纯露于面部，轻轻按抚至吸收。

⑤按摩。调配油性皮肤按摩油 5 mL 均匀涂于面部，以芳香淋巴按摩手法按摩 10 min。

⑥敷面膜。取油性皮肤面膜 5～10 g 均匀涂于面部，敷 10 min 后清洗。

⑦爽肤。均匀喷洒薰衣草纯露或洋甘菊纯露于面部，轻拍至吸收。

⑧润肤。在 2～5 g 日霜或晚霜内滴入一滴适合的精油搅拌均匀，涂于面部。

⑨眼部护理。取 2 g 眼霜涂于眼部，在眼部轻轻按摩片刻。

2）配合芳香护理的辅助措施

①经常用一些清爽型乳液，可将适合的精油加入该乳液中以增强功效。配合使用洁面乳、爽肤水、日霜、晚霜、眼霜、洋甘菊纯露、薰衣草纯露等。

②每天洗 3 次脸，保持皮肤清洁，但要注意保湿。

③多吃蔬菜和水果，多喝天然的果汁和矿泉水。

④选择适合的精油蒸面、敷面以及熏蒸房间，改善环境，调节心情，净化空气。

4. 眼部皮肤的芳香护理

眼睛是心灵的窗户，因此人们有必要把眼部皮肤保养得美丽迷人。眼部皮肤特别娇嫩敏感。例如，睡觉前喝了很多水，第二天眼睛就会有些肿；长期失眠也会造成黑眼圈；一个人从来不注意眼部保养，到了一定年龄，眼部就会出现眼袋、皱纹等。眼部问题一般与自身的身体状况有关。

（1）普通的眼部芳香护理。经常在眼部周围涂经过稀释的复方精油并按摩，可以减少皱纹的产生，抚平细小皱纹。眼部皮肤极其脆弱，使用精油护理时要非常注意精油的剂量及调配比例。

1）芳香护理操作

①卸妆。用卸妆棉蘸取甜杏仁油，顺着眼部皮肤的肌肉走向擦拭。

②清洁。取适量洁面乳，滴入一滴洋甘菊精油搅拌均匀，清洁眼部皮肤后再用温水洗净。

③精油按摩。根据眼部皮肤的不同状况选择适合的精油，调配复方精油进行按摩。迷迭香、葡萄柚、广藿香等精油具有收敛、紧致皮肤的作用，檀香木、玫瑰等精油具

有保湿的作用，薰衣草、快乐鼠尾草等精油具有活化皮肤细胞的作用。

④清爽保养。用玫瑰纯露或洋甘菊纯露喷湿化妆棉片，敷眼 15 min。

⑤眼霜按摩。涂少许眼霜按摩至吸收。

2）家庭护理

①配合使用洁面乳、眼霜、玫瑰纯露等。

②选择适合的精油蒸面、敷面以及熏蒸房间，改善环境，帮助睡眠，净化空气。

（2）眼袋的产生原因及芳香护理

1）眼袋的产生原因

①睡前大量喝水或过分地哭泣，眼部水肿。

②不能保证充足的睡眠，眼部血液循环缓慢，新陈代谢不正常，出现眼袋。

③身体内部脏腑不适，尤其是肾或膀胱出现问题，导致身体及眼部水肿。

④液体渗入眼部脂肪，使眼部皮肤膨胀。

⑤眼部皮肤松弛使脂肪突出或增生。

2）芳香护理操作

①卸妆。用卸妆棉蘸取眼部卸妆液（或甜杏仁油），顺着眼部皮肤的肌肉走向擦拭。

②清洁。取适量洁面乳，滴入一滴洋甘菊精油搅拌均匀，清洁眼部皮肤后用温水洗净。

③精油按摩。根据眼部皮肤的不同状况选择适合的精油，调配复方精油进行按摩。杜松、葡萄柚等精油具有消除水肿的作用，快乐鼠尾草、天竺葵、薰衣草等精油具有促进血液循环的作用，柠檬、迷迭香等精油具有消除多余脂肪的作用。

④清爽保养。用玫瑰纯露或洋甘菊纯露喷湿化妆棉片，敷眼 15 min。

⑤眼霜按摩。涂少许眼霜按摩至吸收。

3）家庭护理

①配合使用眼部卸妆液（或鳄梨油）、眼霜、玫瑰纯露等。

②选择适合的精油蒸面、敷面以及熏蒸房间，改善环境，帮助睡眠，净化空气。

（3）黑眼圈的产生原因及芳香护理

1）黑眼圈的产生原因。一般黑眼圈的产生与健康没有直接关系，很多健康的人也有此特征，少数黑眼圈可能与内分泌紊乱、肾炎、微循环障碍以及慢性消耗性疾病有关。

西医学理论认为，黑眼圈分为两类，一类是血管性黑眼圈，另一类是黑色素性黑眼圈。前者主要是眼眶周围静脉血不流畅引起的，静脉血携带二氧化碳，色泽较暗，如果循环不佳则会产生血液滞留现象，使眼眶周围青黑，这种类型常与体质有关，如果长期熬夜、睡眠不佳也会出现黑眼圈，但一般是暂时性的；后者是指因黑色素沉着所引起的皮肤着色，这种多数是先天性的家族遗传，而且在幼年时就出现眼圈泛黑的情况。

中医学理论认为，黑眼圈大多是由于肝气郁滞、血行不畅及肝肾阴虚、目失所养造成的，因肝开窍于目主青色、肾藏精主黑色，所以黑眼圈一般被认为与肝肾有关。

2）芳香护理操作

①卸妆。用卸妆棉蘸取眼部卸妆液（或鳄梨油），顺着眼部皮肤的肌肉走向擦拭。

②清洁。取适量洁面乳，滴入一滴洋甘菊精油搅拌均匀，清洁眼部皮肤后再用温水洗净。

③精油按摩。根据眼部皮肤的不同状况选择适合的精油，调配复方精油进行按摩。按摩路径如下：沿背部足太阳膀胱经由上而下按摩，重点按压风门、肝俞、肾俞；沿足厥阴肝经由下而上按摩（以下肢为主），重点按压太冲；沿足少阴肾经由下而上按摩（以下肢为主），重点按压太溪。眼眶周围由攒竹、鱼腰、丝竹空、瞳子髎、承泣至睛明顺序按摩。

对于眼眶周围呈青黑色，或伴有失眠、烦躁、消瘦、皮肤粗糙等症状的顾客，按摩眼部周围皮肤的精油有橙花精油、玫瑰精油等，按摩经络穴位的精油有薰衣草精油、迷迭香精油、柠檬精油、黑胡椒精油、佛手柑精油、檀香木精油等。

注意，眼眶周围青黑，头晕目眩，失眠多梦，咽干口燥，腰膝酸软，舌红少苔，多见于更年期女性顾客或患有高血压的顾客。对于这类顾客，按摩眼部周围皮肤的精油有橙花精油、薰衣草精油、玫瑰精油等，按摩经络穴位的精油有杜松精油、快乐鼠尾草精油、柠檬精油、黑胡椒精油、檀香木精油等。

④清爽保养。用玫瑰纯露喷湿化妆棉片，敷眼 15 min。

⑤眼霜按摩。涂少许眼霜按摩至吸收。

3）家庭护理

①配合使用眼部卸妆液（或鳄梨油）、眼霜、玫瑰纯露、洋甘菊纯露等。

②选择适合的精油蒸面、敷面以及熏蒸房间，改善环境，帮助睡眠，净化空气。

（4）配合芳香护理的辅助措施

1）睡前避免大量喝水，也绝不能过分地哭泣，以免眼部水肿。

2）保证充足的睡眠，经常按摩双眼，使眼部血液循环良好、新陈代谢正常，以免出现眼袋。

3）注意眼部的清洁，一定要选择温和的眼部卸妆液和眼霜，以免损伤眼部皮肤，避免眼眶周围产生黑色素。

4）经常进行眼部皮肤的保湿、活化、调理与紧实护理，避免眼部皮肤提前老化、松弛、出现皱纹。

5. 颈部皮肤的芳香护理

颈部皮肤是身体最先显出年龄的部位，颈部皮肤易出现皱纹或下垂。缺乏保养的颈部皮肤会透露出年龄。在颈部系一条丝巾可以掩饰皮肤问题，但这并不是解决方法。颈部皮肤在接受精油护理后会有很好的效果。颈部皮肤很脆弱，因此在清洁颈部时要注意清洁用品的质地。

（1）颈部皮肤适用的精油。玫瑰、茉莉、橙花、天竺葵、快乐鼠尾草、乳香、没药、檀香木、雪松木、花梨木等精油都适用于颈部皮肤。

（2）操作方法。操作方法同面部护理，也可与面部一同护理。

（3）家庭护理

1）配合使用洁面乳、爽肤水、日霜、晚霜、洋甘菊纯露、薰衣草纯露、玫瑰纯露等。

2）在清洁霜中加入一滴前述精油，每晚将其擦于颈部，静置几分钟，然后用面巾纸拭去多余的油脂。

3）选择适合的精油熏蒸房间，改善环境，调节心情，净化空气。

6. 唇部黏膜芳香护理

双唇应该永远看起来美丽动人，可惜双唇可能会干裂、受到感染、显出唇纹，甚至成为疱疹病毒肆虐的温床。健康欠佳、过度暴晒或天气干冷往往是双唇干裂的原因。

（1）护唇光泽基础油。甜杏仁油、玫瑰籽油、葡萄籽油、月见草油、荷荷巴油、胡萝卜浸泡油等。

（2）润唇精油。天竺葵、薰衣草、洋甘菊、佛手柑、檀香木、玫瑰等精油都是很好的润唇精油。

（3）预防唇部干裂。天竺葵精油与薰衣草精油各 3 滴，调配成复方精油后涂抹于唇部。

（4）预防唇部溃烂。洋甘菊精油与杜松精油各 3 滴，调配成复方精油后涂抹于唇部。

二、问题性面部皮肤的芳香护理

1. 痤疮皮肤的芳香护理

（1）痤疮皮肤的原因和改善方法。痤疮通称粉刺，一般出现在青春期，但有时也会延长到成年阶段，大多数长在面部、胸部及背部。有时随着经期、更年期的到来，内分泌失调会引起皮脂腺分泌过盛，再加上细菌感染，便形成了痤疮。皮脂腺所分泌的大量皮脂与灰尘、未脱落的死细胞都浮在皮肤上，造成毛孔堵塞、发炎感染，形成黑头痤疮，使皮肤红肿，从而影响美观。压力也是产生痤疮的一个因素。

芳香美容从业人员可以从多方面入手改善顾客的痤疮皮肤。例如，可以直接在患处擦拭精油，缓解发炎的不适感和皮脂腺分泌旺盛的程度；也可以用精油与基础油调配成复方精油后按摩全身，刺激经络和体液的循环，帮助身体排出毒素。建议护理的同时注意饮食。利用芳香美容手段改善痤疮皮肤，顾客心态也非常重要，因为一般长了痤疮的人比正常人敏感，所以应在情绪上开导顾客。在护理过程中选择正确的精油也非常重要，要根据痤疮的改善情况选择合适的精油。

（2）痤疮皮肤适用的精油

1）薰衣草精油和茶树精油都具有较强的杀菌能力，是非常适合痤疮皮肤的精油。其中，薰衣草精油具有镇定功效，能安定情绪和促进细胞再生；茶树精油则具有更强的杀菌能力，是用来消炎的极品精油。

2）佛手柑精油也可以用来改善痤疮皮肤，但在极强的阳光下使用佛手柑精油会造成皮肤过敏，所以使用时要格外小心，在冬季使用为佳。

3）天竺葵精油可以平衡皮脂分泌，在护理期间将天竺葵精油进行稀释后可直接涂抹在面部或混合在面霜、洁面乳、爽肤水内使用。

4）在做身体芳香按摩时可配合迷迭香精油和天竺葵精油，这两种精油都可以刺激淋巴循环，帮助排出体内毒素。

5）在痤疮逐渐好转的时候，用薰衣草精油、橙花精油与小麦胚芽油混合按摩患处，可以减轻疤痕。

其他护理痤疮皮肤的精油有洋甘菊精油、杜松精油、广藿香精油、百里香精油等。护理期间随着顾客状况的好转，可轮流使用这些精油，不要将其全部混在一起长期使用。

精油效果都比较缓慢，一般要经过几个星期或几个月才能见效，也可能有痤疮反复的情况发生，甚至变得更加严重。遇到以上情况不用紧张，因为运用精油是比较安全的。当然也要考虑精油的来源，检验其品质是否纯正。在剂量准确的情况下使用精油是无副作用的，只要选择相对正确的精油，出现一些类似的情况是很正常的。

（3）痤疮皮肤的护理操作与辅助措施

1）具体操作

①卸妆。用卸妆棉蘸取葡萄籽油，顺着皮肤的肌肉走向擦拭。

②洁面。取适量洁面乳，滴入一滴茶树精油或佛手柑精油搅拌均匀，清洁面部后

用温水洗净。

③精油敷面去角质。打开离子喷雾机，用蒸汽蒸面 2～3 min 软化角质层；再用玻璃或陶瓷面盆取 200 mL 偏热的温水，滴入 5～6 滴薰衣草精油或佛手柑精油搅拌均匀；把毛巾浸入水中后捞出略拧干，再将毛巾由上到下敷在面部，轻轻敷按，然后顺着皮肤纹理走向轻轻擦拭，反复 6 次。

④爽肤按抚。均匀喷洒薰衣草纯露或洋甘菊纯露于面部，轻轻按抚至吸收。

⑤按摩。调配痤疮皮肤按摩油 2～5 mL 均匀涂于面部，以芳香淋巴按摩手法按摩 10 min，避开患处。

⑥清痘。将痤疮针消毒后，用痤疮针将青春痘清出，并在清痘处滴一滴茶树精油。

⑦敷面膜。取痤疮皮肤面膜 5～10 g 均匀涂于面部，敷 10 min 后清洗。

⑧爽肤。取爽肤水 5 mL 涂于面部轻拍至吸收，再均匀喷洒薰衣草纯露或洋甘菊纯露。

⑨润肤。在 2～5 g 日霜内滴入一滴适合的精油搅拌均匀，涂于面部及患处。

⑩眼部护理。取 2 g 眼霜涂于眼部，在眼部轻轻按摩片刻。

2）配合芳香护理的辅助措施

①经常喝一些菊花茶、玫瑰花茶，以消除引起痤疮的精神压力，再喝一些橙花泡制的茶，这些都是天然的抗菌剂、镇静剂。

②每天洗脸时要用无香精、酸碱度平衡的洁面乳或香皂，先用温水清洗，再用冷水洗净。最好在洗脸水里滴入几滴欧薄荷精油和迷迭香精油，因为它们都有杀菌、收敛的作用。配合使用爽肤水、日霜、眼霜、薰衣草纯露、洋甘菊纯露等。

③饮食均匀，多摄取含丰富维生素的食物，并吃大量新鲜蔬菜及水果。其中，大蒜、洋葱有杀菌作用，芹菜有清血作用。

④忌甜食，少吃猪肉、羊肉等油脂多的肉类。不要喝有兴奋作用的茶、咖啡、酒类，多喝矿泉水、药草茶、稀释的果汁。注意少食辛辣及刺激性食物。

⑤要注意加强运动，呼吸新鲜空气及晒太阳。

⑥选择适合的精油熏蒸房间，改善环境，调节心情，净化空气。

Tips 小贴士

纯质的精油可直接涂于皮肤患处，但要注意避开别处皮肤。

2. 色素沉着皮肤的芳香护理

（1）色素沉着皮肤的原因。许多人面部及身体会产生色素沉着，原因很多：有的可能是由于阳光长时间照射引起的，这时色素沉着是机体在保护皮肤；有的可能是自身肝功能有问题；有的与激素分泌有关，如许多妇女在怀孕、月经不调或更年期期间其面部会产生色素沉着；有的与化妆品和香水中所含有的佛手柑精油成分有关；有的可能是由于人体缺乏维生素而产生的。

（2）色素沉着皮肤适用的精油

1）玫瑰精油和天竺葵精油具有活血祛斑的作用，而且玫瑰精油具有调节月经的作用。

2）杜松精油对肾有帮助，为肝肾两虚的顾客做芳香护理时，不妨采用杜松精油。

3）柠檬精油具有增白祛斑的作用，可以用于缓解面部色斑。

4）欧薄荷精油和尤加利精油具有清肺的作用，可以用于日晒斑的调理。

（3）色素沉着皮肤的护理操作与辅助措施

1）具体操作

①卸妆。用卸妆棉蘸取甜杏仁油，顺着皮肤的肌肉走向擦拭。

②洁面。取适量洁面乳，滴入一滴佛手柑精油或柠檬精油搅拌均匀，清洁面部后用温水洗净。

③精油敷面去角质。打开离子喷雾机，用蒸汽蒸面 2 ~ 3 min 软化角质层；再用玻璃或陶瓷面盆取 200 mL 偏热的温水，滴入 5 ~ 6 滴玫瑰精油或佛手柑精油搅拌均匀；把毛巾先浸入水中后捞出略拧干，再将毛巾由上到下敷在面部，轻轻敷按，然后顺着皮肤纹理走向轻轻擦拭，反复 6 次。

④爽肤按抚。均匀喷洒薰衣草纯露、玫瑰纯露于面部，轻轻按抚至吸收。

⑤按摩。调配皮肤按摩油 5 mL 均匀涂于面部，以专业手法按摩 10 min，避开患处（按色斑状况采用不同的精油）。

⑥敷面膜。取美白面膜 5 ~ 10 g 均匀涂于面部，敷 10 min 后清洗。

⑦爽肤。均匀喷洒薰衣草纯露、玫瑰纯露于面部，轻拍至吸收。

⑧润肤。在 2 ~ 5 g 日霜或晚霜内滴入一滴适合的精油搅拌均匀，涂于面部。

⑨眼部护理。取 2 g 眼霜涂于眼部，在眼部轻轻按摩片刻。

2）配合芳香护理的辅助措施

①可将稀释的柠檬精油或柠檬汁涂于面部，两者均有美白的功效。配合使用洁面乳、爽肤水、日霜、晚霜、眼霜、薰衣草纯露、玫瑰纯露等。

②在阳光下要做好防晒工作。

③多吃一些含有维生素 A、维生素 E 的食物，它们有益于皮肤健康。

④保持心情愉快，尽量减少精神紧张。

⑤不要选择含有金属成分的化妆品。

⑥身体有炎症或伤疤时，注意少吃色素较多的食物。

⑦选择适合的精油按摩、蒸面、敷面以及熏蒸房间，改善环境，净化空气。

3. 敏感性皮肤的芳香护理

（1）敏感性皮肤的表现。敏感性皮肤的人大多看起来特别年轻，这类人皮肤往往较白、毛孔较细，但比较脆弱、易干燥，且对冷热非常敏感。季节变化时，敏感性皮肤人群会经常感到皮肤干燥、紧绷、发痒；对化妆品、清洁用品要求较高，有时稍微不注意，所用的化妆品、清洁用品就会刺激皮肤。有些特殊的敏感性皮肤呈粗糙状，略见脱屑，较严重者皮肤发炎肿胀。

（2）导致皮肤过敏的原因

1）化妆品原因

①使用不合适的化妆品。

②使用劣质或变质的化妆品。

③使用药物性化妆品使皮肤受到刺激后产生过敏反应。

④不断更换化妆品，由于各种化妆品所含成分不同而使皮肤来不及进行适应性调整。

⑤经常使用香味浓烈的化妆品，因香料对皮肤产生刺激而引起过敏。

2）其他原因

①过敏体质，如季节性过敏。在对这类皮肤人群做护理时必须十分注意手法和力度，选择精油要更加小心。

②过度的阳光照射，或环境中存在花粉、霉菌、灰尘等过敏原。

③饮食过于刺激，如喜食鱼虾、辛辣食物等。

④药物、金属饰物、化纤织物等导致过敏。

（3）敏感性皮肤适用的精油

1）首选的精油类型为温和型，如洋甘菊、橙花、玫瑰等精油。

2）薰衣草精油用量过度有时会导致皮肤敏感现象发生，应予以重视。

3）按摩油的基础油最好选用荷荷巴油、玫瑰籽油及葡萄籽油。

（4）敏感性皮肤的护理操作与辅助措施

1）具体操作

①卸妆。用卸妆棉蘸取甜杏仁油，顺着皮肤的肌肉走向擦拭。

②洁面。取适量洁面乳，滴入一滴洋甘菊精油搅拌均匀，清洁面部后用温水洗净。

③精油敷面去角质。打开离子喷雾机冷喷，用蒸汽蒸面 2 ~ 3 min 软化角质层；再用玻璃或陶瓷面盆取 200 mL 偏冷的温水，滴入 5 ~ 6 滴洋甘菊精油或橙花精油搅拌均匀；把毛巾先浸入水中后捞出略拧干，再将毛巾由上到下敷在面部，轻轻敷按，然后顺着皮肤纹理走向轻轻擦拭，反复 6 次。

④爽肤按抚。均匀喷洒洋甘菊纯露、玫瑰纯露于面部，轻轻按抚至吸收。

⑤按摩。调配敏感性皮肤按摩油 2 ~ 5 mL 均匀涂于面部，以专业手法按摩 5 min（掌握好调配比例）。

⑥敷面膜。取敏感性皮肤面膜 5 ~ 10 g 均匀涂于面部，敷 10 min 后轻轻洗去。

⑦爽肤。取爽肤水 5 mL 涂于面部轻拍至吸收，再均匀喷洒洋甘菊纯露、玫瑰纯露。

⑧润肤。取 2 ~ 5 g 日霜或晚霜涂于面部。

⑨眼部护理。取 2 g 眼霜涂于眼部，在眼部轻轻按摩片刻。

2）配合芳香护理的辅助措施

①最好选用纯天然的护肤品，这类护肤品才是安全的，避免使用香皂。避免使用香味十分浓烈的护肤品，这类护肤品含有化学香精。

②尽量避免不断更换护肤品。

③选择适合的精油敷面、熏蒸房间，改善环境，净化空气。

Tips 小贴士

敏感性皮肤人群的芳香护理时间不宜过长，周期不宜过频。

学习单元 2

身体皮肤的芳香护理

一、烧伤和烫伤

当皮肤被火或高温物质碰触时会引起创伤，出现红肿、水泡、疼痛现象，易导致发炎。

1. 适用的精油

薰衣草精油是改善烧伤、烫伤的最佳选择，而茶树精油也有不错的效果。薰衣草精油不但是很好的抗菌剂，还是很好的止痛剂，可以减轻烧伤、烫伤的疼痛，促进伤口快速愈合，并且避免疤痕的出现。

2. 护理操作

薰衣草精油可以直接涂在小块的烧伤、烫伤皮肤上，如果在受伤之后立刻涂上，皮肤就不会起水泡。在处理大面积的烧伤、烫伤时必须将薰衣草精油倒在无菌纱布上，并使无菌纱布覆盖所有烧伤、烫伤的皮肤，每隔几个小时更换一次。如果烧伤、烫伤的面积很大，就必须立刻到医院就医。如果患者受到惊吓，有脱水的症状，在医护人员到达之前可以先用薰衣草精油做初步的急救。

二、湿疹

湿疹的表现有多种，但都与发炎、肿胀、发疹、发痒有关。接触性湿疹就是接触性皮炎，是指皮肤对刺激物产生的过敏反应。遗传性湿疹见于家族有哮喘或花粉过敏等疾病的人群，通常发生在婴儿与幼童身上。压力与疲倦会引起湿疹或让湿疹恶化，因此改善湿疹皮肤时一定要先减轻顾客的压力，单单在皮肤上涂涂抹抹是无法根治湿疹的。

1. 适用的精油

洋甘菊精油、薰衣草精油、橙花精油都非常有助于改善湿疹皮肤；杜松精油的解毒效果最好，它不但具有生理解毒的功效，而且具有舒缓不良情绪的功效。适用于湿疹皮肤的精油还有雪松木精油、天竺葵精油、檀香木精油等。

2. 护理操作

可以进行芳香按摩或精油沐浴，在顾客感到特别烦闷、不安时也可以进行护理。有些湿疹是过敏引起的，而压力和过敏之间有非常密切的关系，因此减轻压力对缓解湿疹很重要。在芳香护理过程中，当芳香美容从业人员试图将顾客体内的有毒物质经由皮肤排出体外时，也可能会引发湿疹，特别是营养不良或经常摄取食品添加剂的人容易出现这类湿疹。为改善这类湿疹，可以在按摩油或洗澡水中滴加具有解毒功效的精油，刚开始时顾客的湿疹现象可能会突然加剧，不用担心，这证明其身体正在排出毒素。

三、皮炎

皮炎与湿疹一样，都有发炎的特征，患处会肿胀、发红、发痒，产生水泡与流出脓水。皮肤通常会变厚、剥落，出现非正常肤色的斑块。多种皮炎与先天性过敏体质有关，如有些人对乳制品过敏；也有的与接触过敏有关，接触过敏是由于皮肤对经手的物品产生过敏反应所致，这些物品可能是清洁剂、刮胡泡沫、抑汗剂等。最常见的一种皮炎是尿布疹，是婴儿对尿酸的过敏反应。皮炎与湿疹第一次出现后，在有压力或过分劳累或精疲力竭的情况下会恶化。

1. 适用的精油

洋甘菊精油、茶树精油、薰衣草精油、橙花精油都非常有助于改善皮炎。其中，洋甘菊精油具有灭菌、抑制发炎、帮助皮肤组织再生、帮助伤口愈合的作用，并有清凉、保湿、舒缓皮肤并收敛毛孔的作用。

2. 护理操作

先将冷却的洋甘菊汁涂于患部；再将 2 滴洋甘菊精油、2 滴薰衣草精油、2 滴茶树精油与 15 mL 荷荷巴油、5 滴小麦胚芽油混合涂于患处。

四、冻疮

冻疮是指皮肤因受冻而变成紫红色并伴随肿胀。受冻的身体部位会长冻疮，尤其是脚趾、手指与脚背。儿童的脚部在冬季时尤其容易长冻疮，血液循环不良也是原因之一。

1. 适用的精油

很多精油都可促进血液循环，可作为改善冻疮的按摩油：乳香精油、没药精油、安息香精油、丝柏精油具有消肿、收敛、止血的作用，能改善伤口发炎以及皮肤溃疡、发红、发痒的症状；薰衣草精油具有止痛作用，也可用于缓解冻疮疼痛；生姜精油可除湿气、寒气，有助于消散瘀血；茶树精油可杀菌消炎。

2. 护理操作

直接在顾客患处的皮肤斑块上轻轻涂抹薰衣草精油，有助于减轻冻疮的疼痛。如果下雪时需要外出，前一晚用几滴生姜精油、安息香精油与葡萄籽油混合按摩双脚。茶树精油与芝麻油混合是良好的按摩油，可充分按摩患处使其发热，同时还能消毒。也可在 10 mL 葡萄籽油中加 6 滴茶树精油按摩脚部，或直接用纯茶树精油按摩患处。

五、疥疮

疥疮是因微小疥虫钻入表皮下引起的皮肤病。雌虫在皮肤下产卵，其卵三四天后孵化，数周后成虫。疥疮具有高度的传染性，非近距离的身体接触即可传染，常见的传染途径是通过硬币传染，因为疥虫钻入的位置通常是在指间。患者会时时感到搔痒，晚间最严重。

1. 适用的精油

薰衣草和欧薄荷的混合精油对改善疥疮效果很好，配合使用肉桂、杜松、茶树、柠檬、迷迭香等精油效果也不错。注意，肉桂精油和杜松精油的调配比例不能太高，以免过度刺激皮肤。

2. 护理操作

每天至少要在发痒的患处涂两次精油，最好是在洗澡后涂，如果在洗澡水中加入精油效果会更好。薰衣草精油是最合适的，若加入洋甘菊精油还可以抚顺皮肤。注意，洗澡水中不要加入肉桂精油和茶树精油，如果要加柠檬精油和欧薄荷精油，用量也必须很低（最多8滴）。清除疥疮后，患处皮肤会变得干燥、易脱皮，在使用精油之前用过西药膏通常会产生这种情况。将安息香精油、薰衣草精油、没药精油、橙花精油混合，再加少量小麦胚芽油，可以帮助受伤的皮肤复原，促进健康皮肤的生长。

注意保养是很重要的。疥虫会躲藏在衣服或床上，特别是羊毛制品中。因此患者用过的每件衣物或亚麻制品都必须消毒。用高温的水清洗这些衣物是最好的方法，像床垫、枕头等不能用水洗的东西，则可用樟脑油、薰衣草精油（含5%）和酒精的混合溶液来擦拭。

六、晒伤

晒伤是指因皮肤在阳光紫外线下暴晒而引起的皮炎。白皙皮肤含保护色素少，因此比深色皮肤更容易晒伤。轻微的晒伤先使皮肤发红，而后使皮肤色素增加；严重的晒伤会引起皮肤与组织的肿胀，导致皮肤起水泡和脱落。

长期晒日光浴易引发皮肤癌，因为越来越多的人喜爱日光浴，所以很多国家皮肤癌的问题日益严重。现代预防紫外线照射的产品往往只有表面效果，唯一的解决方式是避免阳光直照。阳光也会让皮肤产生皱纹，变得干裂、粗糙。如果皮肤晒伤，必须待晒伤较轻后再使用面霜或乳液。

1. 适用的精油

使用洋甘菊精油和薰衣草精油按抚并冷却晒伤的皮肤，可迅速有效地减轻皮肤大面积发红和刺痛的程度。

2. 护理操作

皮肤晒伤后立刻用加了6滴洋甘菊精油、被温水稀释过的牛奶泡澡，这个方法很安全，在晒伤感觉消失前，可以每隔几小时就泡一次。如果是处理儿童晒伤，最多只能用3滴洋甘菊精油，且加入洗澡水前还要先用少量葡萄籽油稀释。较严重的晒伤最好改用可以改善各类型烧伤的薰衣草精油进行处理。可将适量薰衣草精油加入煮沸过的冷水中，如果皮肤没有出现水泡或伤口，就将这种溶液轻轻拍在患处；如果皮肤出现水泡，最好在水泡部位直接涂抹薰衣草精油。

七、手癣、足癣

手癣、足癣分别为手部、足部皮肤被霉菌感染的一种癣，使手指间和脚趾间长出水泡、鳞层，奇痒无比。脚指甲也可能受到感染而龟裂。手癣、足癣非常容易传染，在健身房、游泳馆的更衣室与浴室都可能被传染，霉菌最爱在这些潮湿环境中生存。在家中，患者必须使用自己的毛巾，穿戴有防护作用的鞋袜。

1. 适用的精油

可选用茶树精油、天竺葵精油、快乐鼠尾草精油、薰衣草精油和没药精油，这几种精油都可以杀死霉菌，同时可以滋润皮肤。

2. 护理操作

在手部或足部涂擦茶树精油或天竺葵精油；或用小麦胚芽油混合茶树精油与天竺葵精油，每天擦在患处。在一大盆盐水中加 5 滴茶树精油或快乐鼠尾草精油用以泡手或脚，至少泡 10 min，之后彻底擦干。将薰衣草和没药的混合精油擦在患处，缓解皮肤潮湿、发痒和裂伤的问题。如果皮肤裂伤伴有疼痛，可以涂些金盏菊精油。最好将精油溶在酒精中，在皮肤上涂几天，直到皮肤潮湿的现象消失转为干燥。

此外，经常清洁脚指甲和手指甲非常重要，这样可以避免霉菌窝藏在脚指甲或手指甲下，避免重复感染。

测试题

一、单选题（选择一个正确的答案，将相应的字母填入题内的括号中。）

1.（　　）的特征：皮肤颜色变差、变干，面部出现斑点，脸颊凹陷，结缔组织逐渐失去弹性。

A. 问题皮肤　　B. 干性皮肤

C. 老化皮肤　　D. 油性皮肤

2. 干性皮肤是由于皮肤（　　）、皮脂分泌不足而形成的。

A. 感染细菌　　B. 清洁不彻底

C. 缺乏水分　　D. 敏感

3. 干性皮肤适用的精油有（　　）。

A. 佛手柑精油　　B. 甜橙精油

C. 天竺葵精油和薰衣草精油　　D. 依兰精油

4. 天竺葵、柠檬、依兰、薰衣草、快乐鼠尾草、杜松、雪松木、葡萄柚等精油都是（　　）护理很好的选择。

A. 皱纹皮肤　　B. 老化皮肤

C. 油性皮肤　　D. 敏感性皮肤

5.（　　）操作：取适量洁面乳，滴入一滴洋甘菊精油搅拌均匀，清洁眼部皮肤后再用温水洗净；用檀香木精油、玫瑰精油调配复方精油进行按摩。

A. 去黑眼圈护理　　B. 眼部去皱护理

C. 眼部保湿护理　　D. 消除眼部水肿护理

6. 若要（　　），可将 3 滴天竺葵精油与 3 滴薰衣草精油调配成复方精油后涂抹于唇部。

A. 护唇光泽　　B. 润唇

C. 预防唇部干裂　　D. 预防唇部溃烂

7. 若要（　　），可将 3 滴洋甘菊精油与 3 滴杜松精油调配成复方精油后涂抹于唇部。

A. 护唇光泽　　B. 润唇

C. 预防唇部干裂　　D. 预防唇部溃烂

8. 许多妇女在怀孕、月经不调或更年期期间其面部会产生色素沉着，这与（　　）有关。

A. 神经紧张　　B. 头晕失眠　　C. 情绪低落　　D. 激素分泌

9. 有一些化妆品和香水中含有（　　），也会使人的皮肤产生色素沉着。

A. 酒精　　B. 葡萄籽油

C. 玫瑰精油　　D. 佛手柑精油

10.（　　）精油的解毒效果最好，它不但具有生理解毒的功效，而且具有舒缓不良情绪的功效。

A. 薰衣草　　B. 丝柏　　C. 杜松　　D. 迷迭香

11. 把 5 滴茶树精油或快乐鼠尾草精油滴在一大盆盐水中用来泡手或脚，至少泡（　　）min，之后彻底擦干，可以改善手癣、足癣。

A. 8　　B. 5　　C. 10　　D. 3

二、判断题（将判断结果填入括号中，正确的打“√”，错误的打“×”。）

1. 一般皮肤的代谢周期是 28 天，但随着年龄的增长，细胞再生的速度越来越慢，

细胞分裂减缓，皮肤代谢功能减退。（ ）

2. 皮脂腺所分泌的皮脂可以帮助维持皮肤的水分。（ ）

3. 天竺葵精油、洋甘菊精油、橙花精油、玫瑰精油用于按抚干性皮肤效果较好。（ ）

4. 精油可直接减少皮脂的分泌量，还能间接控制细菌在油性皮肤上的生长繁殖。（ ）

5. 眼部皮肤极其脆弱，使用精油护理时要非常注意精油的剂量及调配比例。（ ）

6. 随着经期、更年期的到来，内分泌失调会引起皮脂腺分泌过盛，再加上细菌的感染，便形成了痤疮。（ ）

7. 佛手柑精油可以改善痤疮皮肤，但在极强的阳光下使用佛手柑精油会造成皮肤过敏，所以使用时要格外小心，在夏季使用为佳。（ ）

8. 玫瑰精油和天竺葵精油具有活血祛斑的作用，但玫瑰精油不益于肝肾。（ ）

9. 薰衣草精油可以直接涂在大块的烧伤、烫伤皮肤上，如果在烫伤后立刻涂上，皮肤就不会起水泡。（ ）

10. 洋甘菊精油、薰衣草精油、香蜂草精油和橙花精油都是非常有助于改善湿疹的精油。（ ）

11. 可用洋甘菊精油和薰衣草精油按抚并冷却晒伤的皮肤。（ ）

12. 处理儿童晒伤，最多只能用 3 滴天竺葵精油，且加入洗澡水前还要先用一点甜杏仁油稀释。（ ）

测试题参考答案

一、单选题

1. C　2. C　3. C　4. C　5. C　6. C　7. D　8. D　9. D　10. C　11. C

二、判断题

1. √　2. √　3. √　4. √　5. √　6. √　7. ×　8. ×　9. ×　10. ×　11. √　12. ×

培训任务 6

芳香水疗

学习单元 1

芳香水疗概述

SPA 即芳香水疗，是指利用水的力量和水的温度，再加入适量针对身体状况的精油，使身体充分吸收精油，让身心得到放松的保健方法。

SPA 的原始精神在于强调取材于自然界的产品和纯手工的服务，重视疗程规划，不依赖仪器。在芳香水疗中，仪器仅起辅助作用，仪器的使用不能取代纯手工的服务。仪器绝不可能代替双手的温度和触感，这是 SPA 的基本原则。

一、芳香水疗的起源与历史

1. 芳香水疗的起源

SPA 一词源于拉丁文 Solus Par Aqua，意思是健康之水。在比利时，有一个著名的温泉小镇叫斯帕（Spa）。

SPA 在土耳其被称为活水浴或温泉、矿泉养生中心。SPA 开始流行于 17 世纪的欧洲，当时矿泉水疗不但可治病，还可健身、美容、驻颜抗老。

现在，做 SPA 来养生美容、舒缓身心的理念风靡全世界。它不再局限于矿泉水疗，还结合运用了植物精油的芳香疗法、按摩手法及各地民间养生法，集休闲、养生、美容、健身运动于一体，成为一种新型的身心保健方法。

2. 芳香水疗的历史

芳香水疗历史久远，人类与芳香水疗有很密切的关系。

古埃及人发明出一种特别精致的沐浴方式。人们每天沐浴都有一套程序：首先是用冷水，之后用微温的水，再之后才用热水。用热水泡澡时，古埃及人会在水中加入精油；泡澡完毕，他们会再用精油进行全身按摩，他们最常使用的是雪松木精油和丝柏精油。

古希腊人继承了古埃及人的一套沐浴程序的一部分，但是古希腊人并没有像古罗马人那样对这些沐浴程序进行精心的改进。古希腊的男人对在公共澡堂的大理石浴盆中沐浴已十分满意，而女人则是在自家的浴室中沐浴。

古罗马人应是最注重沐浴的民族了。沐浴在古罗马人生活中是非常重要的一项社交活动，许多公共澡堂都是由皇帝下令建设的雄伟建筑。在进入公共澡堂前，浴客必须先脱下全身衣服，然后进入一间放置陶土罐的小屋中，陶土罐中装着芳香油膏，他们要将全身涂满芳香油膏；然后他们进入冷水池泡澡，同时进行有提神作用的全身按摩；冷水泡澡结束之后，他们便进入温水池，最后进入热水池。热水池的水是由池水下面的火炉所加热的，这也就是现代蒸汽浴的前身。在热水池泡澡的时候，他们会用一种由青铜制成的工具来按摩全身，还会将芳香油膏涂在全身各处。在热水池泡澡完毕，接下来便是用芳香油膏按摩全身，这些按摩服务通常是由公共澡堂内的人员或浴客自己带的奴隶来帮忙完成的。古罗马的女人通常都是在家里沐浴的，在富有的家庭中，就如同古埃及人一样，常常为了便于沐浴而养了许多奴隶，这些奴隶由负责沐浴的总管管理。在沐浴之后，古罗马的女人会将头发整理好并染色，再抹上芳香油膏；然后进行面部按摩，并且让奴隶在她们的双颊上抹红色颜料、在眼睛周围画眼线；最后用芳香油膏在脖子和肩膀上进行按摩，而身体其他部位则用玫瑰水清洗。古罗马沐浴场景如图 6–1 所示。

在欧洲，沐浴文化由古罗马人发扬光大，但从罗马帝国衰落到 13 世纪，仅有少数人才能享受沐浴的乐趣，直到十字军东征回来，带回东方世界的沐浴文化，在公共澡堂沐浴才又一度成为风尚。

15 世纪，除了土耳其浴之外，精油沐浴也是广为流行的一种沐浴方式，那时的人们非常重视卫生。与此同时，精油也越来越普及，而它们在抗菌方面的效用更被人们重视。精油沐浴与没加精油的沐浴相比，不但较为宜人，而且较为卫生。

17 世纪，土耳其浴已被发扬光大。这种公共澡堂其实源自古罗马的公共澡堂，而土耳其人只是将其稍加变化而已，如图 6–2 所示。此时，沐浴文化才被重新建立，欧洲人再度相信沐浴不但有益健康，而且是必须有规律进行的一种活动。相对于欧洲人而言，居住在气候较为温暖区域的人们会比较喜欢沐浴，而且也不容易感冒。

19 世纪，洗澡已变成欧洲人的生活习惯，但欧洲人养成洗澡的习惯是迫于需求而非爱好，对他们而言，保持卫生远比洗澡本身的乐趣重要。

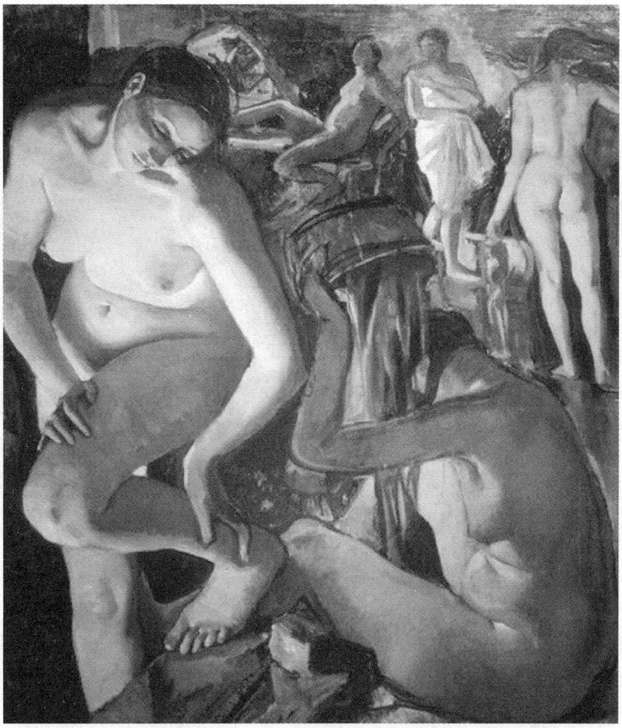

图 6-1　古罗马沐浴场景

图 6-2　土耳其浴

20世纪，随着香水及卫浴产品工业的发展，沐浴成为一种让人享受的休闲活动。香水是由古代用香料调制而成的胶状香膏演化而来的。

二、芳香水疗的方法

1. 浸浴法（见图6-3）

图6-3　浸浴法

此法适用于身体的各个部位，尤其是上下肢。根据身体状况选用精油，将准备好的精油倒入浴盆内，将身体的全部或局部浸入浴盆中，同时进行搓洗。每次洗10～30 min，每日进行1～2次。为保持水温，可不断添加热水。

2. 擦洗法

此法多用于身体的躯干部位。根据身体状况选用精油，将准备好的精油倒入小盆内，用纱布或毛巾按需对身体部位进行擦洗。每次洗20～30 min，每日进行1～2次。

3. 淋浴法（见图6-4）

此法适用于身体各个部位。根据身体状况选用精油，将准备好的精油倒入带有喷头的装置内，用置于高处的喷头按需喷洒身体部位。每次洗5～20 min，每日进行1～3次。

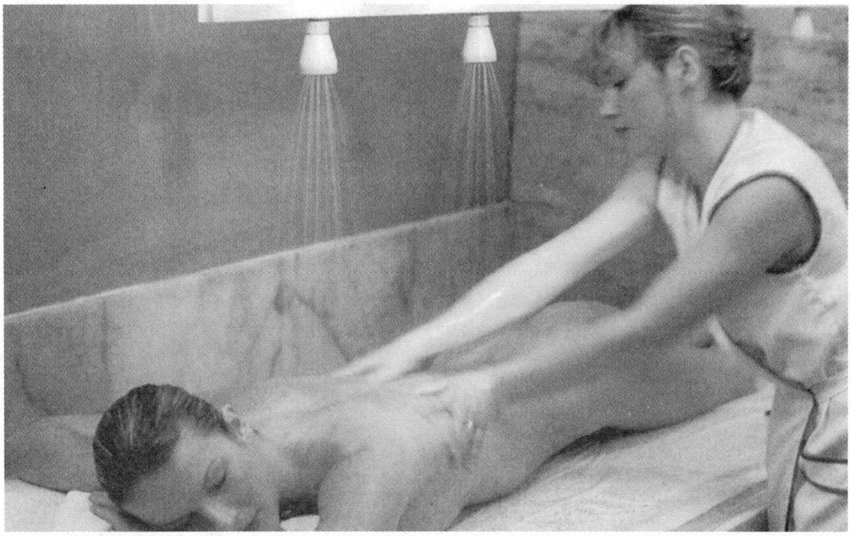

图 6-4 淋浴法

三、芳香水疗的浸浴过程

1. 直接加入精油浸浴

在浴盆中放满热水后，滴几滴纯精油，但是千万不要加入过多的精油，因为有些精油的效用较强，而有些精油对皮肤有刺激性。若是顾客皮肤较为敏感，仅需加入少量的罗勒、欧薄荷、迷迭香等精油即可。如果不确定该用多少剂量，应先小心地滴入 2 滴精油，如果这样的剂量不会对身体造成影响，下次便可再增加剂量。将精油滴入浴盆内搅动，使精油在水表面形成一层薄膜（这一点非常重要，如果没有搅匀，可能会使皮肤受伤），而这层薄膜会覆盖在皮肤上。此时，顾客就可以背靠在浴盆边，好好享受浸浴的乐趣。

2. 将精油和基础油等混合后再浸浴

将精油和基础油混合，这对干性皮肤更有效，而且绝大多数基础油都适用，其中鳄梨油、甜杏仁油、小麦胚芽油由于富含维生素而具有较好的滋养功效。这里精油的使用剂量和上述方法相同，将基础油（或蜂蜜、牛奶）与某种精油混合后，用与前述相同的方法加入浴盆中。试过几次这种精油后，还可以试着加入其他不同的精油。开始时一般采用 1 ~ 2 种精油，直到找出适于调配在一起的精油及其比例，再增加精油的种类，但总的精油剂量不要超过 10 滴。

在用精油浸浴时，精油会渗透进皮肤，就像用精油按摩时一样，而这种渗透效果是由周围水的热量来完成的。要达到最佳的效果，建议采用第一种方法，因为精油会覆盖全身，而且即使是浸浴后，精油仍然继续停留在皮肤上，留下淡淡的香气。

四、芳香水疗的注意事项

1. 进行芳香水疗时，水温要适中，一般为 45 ~ 60 ℃。水不能过热或过凉（除特殊情况外）。

2. 进行芳香水疗时，可进行按摩。

3. 浸洗时间不可太短或过长，一般浸洗 10 ~ 30 min。

4. 饭前、饭后 30 min 内不宜进行芳香水疗，因为空腹易发生低血糖或休克，而过饱会影响食物消化。

5. 进行芳香水疗时，要注意保暖，避免受寒、吹风，完毕应及时拭干皮肤。

6. 加过精油的水应防止溅入口、眼、鼻内。

7. 发热或高血压病、冠心病患者以及心功能不全、有出血倾向者，应避免进行芳香水疗。

8. 老年人、儿童、病情严重者应避免进行芳香水疗。如有特殊情况需要进行芳香水疗的，要有专人陪护，避免烫伤、着凉或发生意外事故。

9. 激烈运动前后、饮酒后避免进行芳香水疗。

10. 要按规定使用精油，不可超量，避免精油浓度过高。

学习单元 2

常用的芳香水疗项目

一、芳香浸浴（身体）

1. 选择精油

精油对改善身体不适状况功效极高，但应按身体状况选择精油。精油种类很多，可分为使人镇静或亢奋的精油，这些精油应依作息时间使用。例如，就寝前可使用有镇静作用的精油，如檀香木精油等；晨浴时可使用使人亢奋的精油，如欧薄荷精油等。

2. 准备浸浴

（1）准备用具。准备精油、热水、温度计、音乐播放器、浴帽、浴巾、专用毛刷等，如图 6–5 所示。

（2）做基本的放松动作。

3. 精油浸浴

首先播放舒缓的音乐，然后将所需精油滴入（少于 10 滴）盛满热水的浴盆中，用温度计测试水温或用手试水温是否适合，然后将身体（颈部以下）浸入水中 10 ~ 30 min。必须注意的是，精油使用剂量不可过高。如果在浴室中放置香熏灯，在其中滴入精油会取得更好的效果。

图 6-5 准备用具

4. 浸浴后的保养

浸浴后先休息 30 min 左右，使汗液完全排出；然后做去角质工作，用含有微细谷物粒子及牛奶成分的去角质膏去角质；再根据身体状况配制复方按摩油，将配制好的复方按摩油倒在手中捂热，并顺着肌肉走向进行全身按摩，按摩会减轻皮肤的负担；最后，全身涂抹保养润肤霜。

二、芳香足浴

芳香足浴如图 6–6 所示。

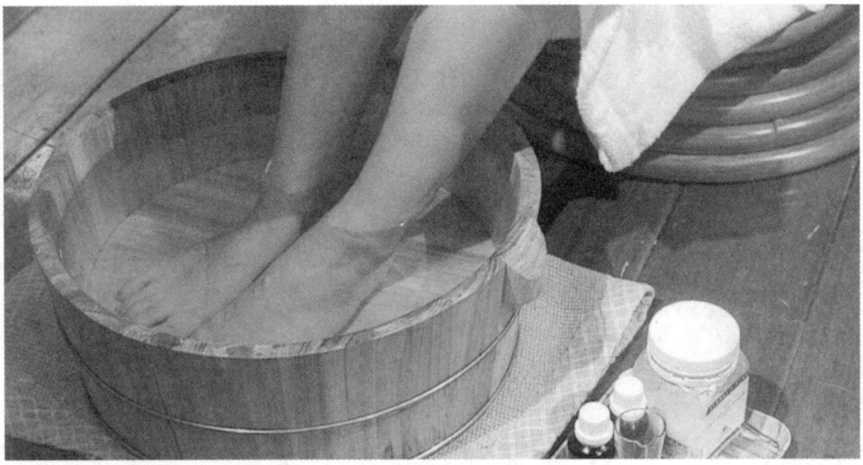

图 6-6 芳香足浴

1. 选择精油

为了改善情绪、缓解压力，可选择天竺葵精油、檀香木精油、薰衣草精油、乳香精油、茉莉精油、墨角兰精油、依兰精油等。

为了增强记忆力、集中注意力，可选择迷迭香精油、百里香精油、柠檬精油、欧薄荷精油等。

为了改善睡眠问题、消除压力及疲劳感，可选择橙花精油、玫瑰精油、薰衣草精油、洋甘菊精油等。

为了促进消化、改善胃部不适，可选择茴香精油、广藿香精油、葡萄柚精油、洋甘菊精油、天竺葵精油等。

为了预防感冒、改善感冒症状，可选择欧薄荷精油、尤加利精油、茶树精油、薰衣草精油、迷迭香精油等。

为了促进激素分泌、舒缓经痛，可选择茉莉精油、玫瑰精油、丝柏精油、肉桂精油、依兰精油、快乐鼠尾草精油等。

为了促进血液循环、舒缓关节痛，可选择玫瑰精油、欧白芷精油、洋甘菊精油、肉桂精油、生姜精油等。

2. 准备浸泡足部

（1）准备用具。准备精油、水桶（避免使用金属制品）、热水、温度计、高尔夫球或玻璃珠、毛巾。

（2）水温。水温应比体温略高，建议水温为 37 ~ 39 ℃；有时要使用冷水，建议水温为 16 ~ 20 ℃。

（3）场所。在温暖的房间、习惯的场所进行。

3. 足浴后的保养

足浴后休息 10 min 左右；然后做去角质工作，用含有微细谷物粒子及牛奶成分的去角质膏去角质；再根据身体状况配制复方按摩油，用配制好的复方按摩油进行足部反射区按摩；最后涂抹足部保养霜。

三、芳香手浴

芳香手浴如图 6–7 所示。

1. 选择精油

可参考芳香足浴的相关内容。

图 6-7　芳香手浴

2. 准备浸泡手部

（1）准备用具。准备精油、水盆（避免使用金属、塑料制品）、热水、温度计、毛巾。

（2）水温。水温应比体温略高，建议水温为 37～39 ℃；有时要使用冷水，建议水温为 16～20 ℃。

（3）场所。在温暖的房间、习惯的场所进行。

3. 手浴后的保养

手浴后休息 10 min 左右；然后做去角质工作，用含有微细谷物粒子及牛奶成分的去角质膏去角质；再根据身体状况配制复方按摩油，用配制好的复方按摩油进行手部反射区按摩；最后涂抹手部保养霜。

测试题

一、单选题（选择一个正确的答案，将相应的字母填入题内的括号中。）

1. 芳香水疗法是指利用（　　），再加上适量针对身体状况的精油，使身体充分吸收精油，让身心得到放松的保健方法。

A. 水的力量和水的温度　　B. 水中的无机盐

C. 水的摩擦力　　D. 水的阻力

2.（　　）世纪，洗澡已变成欧洲人的生活习惯，但欧洲人养成洗澡的习惯是迫于需求而非爱好。

A. 19　B. 16　C. 15　D. 18

3.（　）世纪，除了土耳其浴之外，精油沐浴也是广为流行的一种沐浴方式。

A. 19　B. 16　C. 15　D. 18

4. SPA 的拉丁文是 Solus Par Aqua，意思是（　）。

A. 健康之水　B. 温泉沐浴　C. 土耳其浴　D. 矿泉浴

5. SPA 开始流行于（　）世纪的欧洲，当时矿泉水疗不但可治病，还可健身、美容、驻颜抗老。

A. 19　B. 16　C. 17　D. 20

6. SPA 的原始精神在于强调（　）和纯手工的服务，重视疗程的规划，不依赖仪器。

A. 取材于自然界的产品　B. 产品配方优良

C. 护理环境幽雅　D. 服务人员耐心

7. 芳香水疗的方法分为（　）、擦洗法、淋浴法。

A. 泡澡法　B. 沐浴法　C. 浸浴法　D. 洗浴法

8. 进行芳香水疗时，水温要适中，一般为（　）℃，水不能过热或过凉。

A. 35 ~ 45　B. 30 ~ 40　C. 45 ~ 60　D. 70 ~ 80

二、判断题（将判断结果填入括号中，正确的打“√”，错误的打“×”。）

1. 古埃及人在泡完澡后，常用精油进行全身按摩。（　）

2. 古埃及人的沐浴程序是先用热水，之后用冷水。（　）

3. SPA 不再局限于矿泉水疗，还结合运用了植物精油的芳香疗法、按摩手法及各地民间养生法。（　）

4. SPA 集休闲、养生、美容、健身运动于一体。（　）

5. 在芳香水疗中，仪器的使用可取代纯手工的服务。（　）

6. 浸浴时间一般不超过 30 min。（　）

7. 感冒发热时可以进行芳香水疗，以减轻不适感。（　）

测试题参考答案

一、单选题

1. A　2. A　3. C　4. A　5. C　6. A　7. C　8. C

二、判断题

1. √　2. ×　3. √　4. √　5. ×　6. √　7. ×

理论知识考核模拟试卷

一、判断题（将判断结果填入括号中，正确的打“√”，错误的打“×”。每题 1 分，满分 20 分。）

1. 芳香疗法的前身是药草学，是近代使用植物防病治病的自然疗法。（　　）

2. 圣经中东方三博士带着礼物（黄金、没药、乳香）来见圣婴耶稣。（　　）

3. 英国科学家加德佛赛发现薰衣草精油对烧伤有神奇的疗效。（　　）

4. 莫利女士将精油用于芳香美容上，她是第一位使用精油的非医学专业人士。（　　）

5. 法国人将草药治疗与饮食调理相结合，由专业的自然疗法师及营养师进行临床针对性治疗。（　　）

6. aromatherapy 是 20 世纪才出现的单词，由表达香味、芳香意思的单词“aroma”和表达疗法、治疗意思的单词“therapy”结合而成。（　　）

7. 精油与油脂是不同的，其质地不油腻，并且具有较高的挥发性。（　　）

8. 精油的萃取制造方法通常有两种：蒸馏法和压榨法。（　　）

9. 任何皮肤及症状都可以使用依兰精油，剂量上也没有太大的限制。（　　）

10. 杜松精油是由浆果萃取的，可利尿、帮助排毒、改善水肿的症状、调理肠胃、改善身体僵硬性疼痛、调节月经及舒缓经痛。（　　）

11. 芸香科植物精油可增加皮肤对光线的敏感度，经常晒日光浴的顾客不宜使用。（　　）

12. 癫痫、痉挛、心脏病、肾病患者或生理及情绪极度敏感者，必须经医生批准才可接受精油护理。（　　）

13. 纯精油应用基础油稀释后使用，且应谨慎地用在眼睛周围、嘴唇等部位。（　　）

14. 在医学方面，精油的药性比草药强 70 倍，渗透力强，能迅速针对疾病进行治疗。（　　）

15. 基础油又称媒介油或基底油，是取自植物花朵、果实、种子的油。芳香美容所选用的基础油是经过冷压法提炼的（在 60 ℃以下处理）。（　　）

16. 用于饮食方面的精油可分为药草类、香料类、水果类和花卉类。（　　）

17. 精油和草药不能混为一谈，虽然它们有共同的起源。通常草药的使用剂量偏大，且药效较弱。（　　）

18. 不可以将基础油与精油混合来制作洁肤和润肤的化妆品。（　　）

19. 人们利用精油净化环境、驱虫防虫、消除异味。（　　）

20. 有些精油可溶于酒精、固体油及水中。（　　）

二、单项选择题（选择一个正确的答案，将相应的字母填入题内的括号中。每题 1 分，满分 30 分。）

1.（　　）系统是心血管系统的辅助系统。

A. 淋巴　B. 免疫　C. 循环　D. 消化

2. 淋巴结、扁桃体、脾、胸腺都是淋巴器官，其主要功能是（　　）。

A. 吸收营养　B. 代谢废物　C. 促进循环　D. 产生免疫细胞

3. 芳香淋巴按摩可使人在生理上、（　　）、情感上、精神上以及在个人与环境之间达成协调，恢复其平衡，身体的自愈能量就会释放出来，达到保健目的。

A. 保养上　B. 心理上　C. 效果上　D. 免疫上

4. 人的自主神经系统又称（　　）神经系统。

A. 大脑　B. 中枢　C. 坐骨　D. 内脏

5. 五脏的功能主要是（　　）和储藏精气。

A. 免疫　B. 吸收　C. 循环　D. 化生

6. 淋巴按摩的主要操作手法即（　　）。

A. 淋巴引流　B. 循环按摩　C. 反射按摩　D. 淋巴保养

7. 芳香淋巴按摩的操作力度不可过重，根据所护理部位的（　　）来决定力度。

A. 面积大小　B. 肌肉大小　C. 骨骼大小　D. 顾客要求

8. 进行芳香淋巴按摩（　　）仔细了解顾客是否有任何禁忌。

A. 不需要　B. 过程中应　C. 护理前应　D. 护理后应

9. 打过预防针后（　　）接受芳香淋巴按摩。

A. 可以马上　B. 36 h 内不宜　C. 12 h 内不宜　D. 1 h 内不宜

10. 饮酒后未超过（　　）h 者不宜接受芳香淋巴按摩。

A. 24　B. 3　C. 12　D. 1

11. SPA 的原始精神在于强调取材于自然界的产品和（　　），重视疗程规划，不依赖仪器。

A. 纯手工的服务　B. 使用仪器

C. 内服化学药物　D. 跑步锻炼

12. SPA 即芳香水疗，是指利用（　　）和水的温度，再加入适量针对身体状况的精油，使身体充分吸收精油，让身心得到放松的保健方法。

A. 水的力量　B. 先进设备　C. 优良的环境　D. 高档精油

13. 通过嗅觉测试鉴定精油的纯度和（　　）。

A. 强度　　B. 味道　　C. 能量　　D. 密度

14. 鉴别精油品质的主要方法有成分测试（气相色谱 – 质谱法）、嗅觉测试、肉眼测试、能量测试、理化试验、（　　）。

A. 可燃性测试　　B. 味道测试　　C. 挥发度测试　　D. 密度测试

15. 萃取玫瑰精油的玫瑰花是（　　）的质量最佳。

A. 保加利亚　　B. 美国　　C. 土耳其　　D. 印度

16. 没药精油、乳香精油萃取于植物（　　）。

A. 种子　　B. 果实　　C. 树脂　　D. 枝叶

17. 植物精油的芳香分子可分为醇类、酸类、醛类、酯类、酮类、酚类、倍半萜类和（　　）。

A. 萜烯类　　B. 蛋白质类

C. 碳水化合物类　　D. 香豆素类

18. 植物的（　　）是植物本身孕育生命的开始。

A. 种子　　B. 根部　　C. 果实　　D. 枝叶

19. 洋甘菊精油萃取于植物的（　　）。

A. 花朵　　B. 花叶　　C. 果实　　D. 根

20. 天竺葵精油的挥发度是（　　）。

A. 中　　B. 高　　C. 低　　D. 高偏中

21. 最早的中药学专著《神农本草经》成书于（　　）。

A. 东汉　　B. 西汉　　C. 秦　　D. 隋

22. 中国药学最经典的著作《本草纲目》中记载了上千种药材（大多是植物）以及（　　）种药方。

A. 上百　　B. 上千　　C. 上万　　D. 十万

23. 芳香疗法历史上，阿拉伯医师阿比西纳最大的贡献就是“发明”了（　　）技术。

A. 蒸馏精油　　B. 排毒按摩

C. 芳香植物种植　　D. 手术

24. 莫利女士将植物精油用于（　　）上，她是第一位使用精油的非医学专业人士。

A. 芳香美容　　B. 麻醉技术　　C. 芳香沐浴　　D. 食疗

25. 精油的价格与产地和自然因素、农业因素、工业因素、（　　）和制作成本有关。

A. 采集时机　B. 压榨技术　C. 浸泡时间　D. 价格定位

26. 中医学理论认为，人之元气受之于父母、藏于（　　），且不断从脾胃运化而来的水谷精气中得到补充，以供全身。

A. 肾脏　B. 心脏　C. 肝脏　D. 脾脏

27. 奇恒之腑是脑、髓、骨、脉、（　　）、胞宫。

A. 胆　B. 肝　C. 脾　D. 心

28. 肾的生理联系有：在志为恐，在液为唾，在体合骨，其华在发，开窍于耳及（　　）。

A. 二阴　B. 皮毛　C. 鼻子　D. 唇

29. 经络包括十二经脉、（　　）、十五别络、孙络、浮脉等子系统。

A. 奇经八脉　B. 督脉　C. 任脉　D. 带脉

30.（　　）是以促进淋巴循环和排出毒素为原则的。

A. 芳香淋巴按摩　B. 肌肉按摩　C. 指压按摩　D. 经络按摩

三、多项选择题（选择正确的答案，将相应的字母填入题内的括号中。每题 2 分，满分 20 分。）

1. 精油的使用方法有（　　）。

A. 吸入法　B. 按摩法　C. 沐浴法

D. 食用法　E. 涂抹法

2. 常用的芳香水疗项目有（　　）。

A. 芳香浸浴　B. 芳香足浴　C. 芳香手浴

D. 芳香涂抹　E. 芳香按摩

3. 唇形科芳香植物有（　　）等。

A. 薰衣草　B. 尤加利　C. 欧薄荷

D. 茶树　E. 甜橙

4. 芸香科芳香植物有（　　）。

A. 柠檬　B. 葡萄柚　C. 甜橙

D. 乳香　E. 佛手柑

5. 精油浸浴所用的精油剂量可以是（　　）滴。

A. 5　B. 8　C. 15

D. 3　E. 20

6. 从芳香植物茎部萃取的精油是（　　）精油。

A. 檀香木　B. 雪松木　C. 花梨木

D. 杜松　E. 安息香

7. 从芳香植物种子萃取的精油是（　　）精油。

A. 茴香　　B. 黑胡椒　　C. 杜松

D. 豆蔻　　E. 胡萝卜籽

8. 有（　　）症状的人群不宜接受芳香淋巴按摩。

A. 血压异常　　B. 发热　　C. 胀气

D. 恶心　　E. 低血糖

9. 鉴别真假精油的方法有（　　）。

A. 嗅闻测试　　B. 肉眼测试　　C. 可燃性测试

D. 稀释观察　　E. 冷却后观察

10. 挥发度高的精油有（　　）精油。

A. 佛手柑　　B. 玫瑰　　C. 葡萄柚

D. 尤加利　　E. 茶树

四、简答题（每题 15 分，满分 30 分。）

1. 简述芳香疗法的概念。

2. 简述芳香美容的概念。

理论知识考核模拟试卷参考答案

一、判断题

1. ×	2. √	3. ×	4. √	5. ×	6. √	7. √	8. ×	9. ×
10. √	11. √	12. √	13. √	14. √	15. √	16. √	17. √	18. ×
19. √	20. ×							

二、单项选择题

1. A	2. D	3. B	4. D	5. D	6. A	7. B	8. C	9. B
10. C	11. A	12. A	13. A	14. A	15. A	16. C	17. A	18. A
19. A	20. A	21. A	22. C	23. A	24. A	25. A	26. A	27. A
28. A	29. A	30. A						

三、多项选择题

1. ABCDE	2. ABC	3. AC	4. ABCE	5. ABD	6. ABC	7. ABDE
8. ABE	9. ABC	10. ACDE				

四、简答题

略

操作技能考核模拟试卷

试题名称：全身芳香按摩（100分）

1. 技能及知识要求

职业功能	鉴定范围	技能要求	知识要求	时间
一、咨询	生活	通过与顾客的交谈，了解顾客的生活习惯，如运动、饮食、工作情况、生育情况等	掌握顾客的不良生活习惯，分析可能会导致的不适症状，建议顾客避免	10 min
	面部	观察顾客面部及皮肤上出现的问题	以中医学理论为依据，判定顾客面部问题产生的原因	
	身体	了解顾客身体各个系统的状况	以中医学理论为依据，根据顾客身体的不适症状，判定采用何种精油及方式进行改善	
	心理	了解顾客心理方面是否出现问题	根据顾客心理方面出现的问题选择精油	
二、调配精油	识别精油	识别精油	掌握精油的概念、价值、来源、识别方法、功效及使用禁忌	3 min
	识别基础油	识别基础油	掌握基础油的功效和特征	
	选择调配工具	熟练运用调配精油的工具	熟悉调配工具的选用方法	
	调配按摩油	熟练调配精油	掌握精油调配的原则、剂量的控制、品质的选择 熟悉调配前的准备工作、调配精油的方法和操作流程	
三、全身芳香按摩	按抚放松	让顾客放松神经、进入放松状态，做被动的热身运动	掌握按摩前的基本工作	60 min
	基本操作技巧	取油、涂油方向、操作手势规范，力度适宜，走向准确	掌握规范的基本操作技巧	
	芳香淋巴按摩	正确进行芳香淋巴按摩，熟练掌握芳香淋巴按摩手法（操作熟练，顺序正确，按摩部位准确，走向准确，淋巴结部位不能按压）	掌握按摩基本知识	
总计	—	—	—	73 min

2. 准备工作

（1）准备按摩床 1 张、按摩枕 1 个、大毛巾 2 条、小毛巾 2 条、薄被 1 条、拖鞋 1 双。

（2）准备单方精油、基础油或复方按摩油适量，量杯（10 mL、20 mL）和天然材料搅拌棒若干。

3. 考核时间

（1）基本时间。73 min。

（2）分项时间。咨询 10 min，调配精油 3 min，全身芳香按摩 60 min。

（3）时间允差。每超过 2 min，从总分中扣除 1 分，不足 2 min 的按 2 min 计。超过 20 min 不计成绩。

4. 评分项目及标准

单位：　　　　日期：　　　　人数：　　　　考评员签名：

<table>
<tr><th colspan="2">项目名称</th><th>芳香美容</th><th>考核内容</th><th>全身芳香按摩</th><th>考核时间</th><th>73 min</th></tr>
<tr><th colspan="2">细则号</th><th>鉴定要求</th><th>配分（分）</th><th>等级</th><th>评分细则</th><th>得分（分）</th></tr>
<tr><td colspan="2" rowspan="4">1. 嗅闻精油</td><td rowspan="4">15 种精油（尤加利、茶树、迷迭香、欧薄荷、天竺葵、葡萄柚、甜橙、柠檬、洋甘菊、檀香木、茉莉、快乐鼠尾草、墨角兰、依兰、薰衣草）挑选其中三种正确识别</td><td rowspan="4">15</td><td>A</td><td>嗅闻正确三种</td><td rowspan="4"></td></tr>
<tr><td>B</td><td>嗅闻正确两种</td></tr>
<tr><td>C</td><td>嗅闻正确一种</td></tr>
<tr><td>D</td><td>嗅闻全部错误</td></tr>
<tr><td colspan="2" rowspan="4">2. 填写咨询表及调配精油</td><td rowspan="4">（1）咨询内容完整、准确
（2）良好的语言沟通
（3）选择精油正确
（4）选择基础油正确
（5）调配比例正确</td><td rowspan="4">15</td><td>A</td><td>全部达到要求</td><td rowspan="4"></td></tr>
<tr><td>B</td><td>两项达不到要求</td></tr>
<tr><td>C</td><td>三项达不到要求</td></tr>
<tr><td>D</td><td>四项及以上达不到要求</td></tr>
<tr><td rowspan="4">3. 全身芳香按摩</td><td rowspan="4">3.1 准备工作</td><td rowspan="4">（1）引导顾客更衣就位
（2）衣物、拖鞋放置规范
（3）薄被、毛巾铺盖规范
（4）产品、工具和量具齐全，摆放规范</td><td rowspan="4">2</td><td>A</td><td>全部达到要求</td><td rowspan="4"></td></tr>
<tr><td>B</td><td>两项达不到要求</td></tr>
<tr><td>C</td><td>三项达不到要求</td></tr>
<tr><td>D</td><td>四项达不到要求</td></tr>
</table>

续表

细则号		鉴定要求	配分（分）	等级	评分细则	得分（分）
3. 全身芳香按摩	3.2 卫生消毒	（1）手部消毒 （2）容器消毒、清洗 （3）取按摩油过程规范、卫生 （4）卫生消毒用品准备齐全 （5）调制按摩油要用天然材料搅拌棒	5	A	全部达到要求	
				B	两项达不到要求	
				C	三项达不到要求	
				D	四项及以上达不到要求	
	3.3 头、颈、腰背部芳香按摩	（1）取油、涂油方向、操作手势规范 （2）操作熟练，顺序正确 （3）力度适宜 （4）按摩部位准确，淋巴结部位不能按压 （5）走向准确	15	A	全部达到要求	
				B	两项达不到要求	
				C	三项达不到要求	
				D	四项及以上达不到要求	
	3.4 后下肢芳香按摩	（1）取油、涂油方向、操作手势规范 （2）操作熟练，顺序正确 （3）力度适宜 （4）按摩部位准确，淋巴结部位不能按压 （5）走向准确	5	A	全部达到要求	
				B	两项达不到要求	
				C	三项达不到要求	
				D	四项及以上达不到要求	
	3.5 面部芳香按摩	（1）取油、涂油方向、操作手势规范 （2）操作熟练，顺序正确 （3）力度适宜 （4）按摩部位准确，淋巴结部位不能按压 （5）走向准确 （6）更换部位要进行手部消毒	10	A	全部达到要求	
				B	两项达不到要求	
				C	三项达不到要求	
				D	四项及以上达不到要求	
	3.6 胸腹部芳香按摩	（1）取油、涂油方向、操作手势规范 （2）操作熟练，顺序正确，腹部以逆时针方向打圈按摩 （3）力度适宜 （4）按摩部位准确，避开乳晕 （5）走向准确	10	A	全部达到要求	
				B	两项达不到要求	
				C	三项达不到要求	
				D	四项及以上达不到要求	

续表

细则号		鉴定要求	配分（分）	等级	评分细则	得分（分）
3. 全身芳香按摩	3.7 上肢芳香按摩	（1）取油、涂油方向、操作手势规范 （2）操作熟练，顺序正确 （3）力度适宜 （4）按摩部位准确，淋巴结部位不能按压 （5）走向准确	10	A	全部达到要求	
				B	两项达不到要求	
				C	三项达不到要求	
				D	四项及以上达不到要求	
	3.8 前下肢芳香按摩	（1）取油、涂油方向、操作手势规范 （2）操作熟练，顺序正确 （3）力度适宜 （4）按摩部位准确，淋巴结部位不能按压 （5）走向准确	5	A	全部达到要求	
				B	两项达不到要求	
				C	三项达不到要求	
				D	四项及以上达不到要求	
	3.9 结束工作	（1）协助顾客起身，为顾客整理发型，引领顾客离场 （2）整理床铺，清理工作位置	2	A	达到要求	
				D	达不到要求	
	3.10 个人仪表	（1）束发且无发丝下垂 （2）化淡妆 （3）无饰品（包括模特） （4）戴口罩 （5）不留指甲及不涂指甲油	2	A	全部达到要求	
				B	两项达不到要求	
				C	三项达不到要求	
				D	四项及以上达不到要求	
	3.11 工作素养	（1）整个流程完整，无差错 （2）随时注意顾客的局部保暖 （3）站姿标准、微笑待客 （4）能适当运用身体语言为顾客服务 （5）在操作全过程体现顾客至上的精神	2	A	全部达到要求	
				B	两项达不到要求	
				C	三项达不到要求	
				D	四项及以上达不到要求	
	3.12 时间掌控	整个流程不允许超过规定时间 2 min	2	A	达到要求	
				D	达不到要求	